养殖致富攻略·疑难问题精解

水貂高效养殖300问

SHUIDIAO GAOXIAO YANGZHI 300 WEN

王利华 李文立 马泽芳 崔 凯 编著

U0256316

中国农业出版社

北 京

本书有关用药的声明

　　随着兽医科学研究的发展、临床经验的积累及知识的不断更新，治疗方法及用药也必须或有必要做相应的调整。建议读者在使用每一种药物之前，参阅厂家提供的产品说明书以确认推荐的药物用量、用药方法、所需用药的时间及禁忌等，并遵守用药安全注意事项。执业兽医有责任根据经验和对患病动物的了解决定用药量及选择最佳治疗方案。出版社和作者对动物治疗中所发生的损失或损害，不承担任何责任。

中国农业出版社

前言
FOREWORD

　　水貂是具有极高经济价值的珍贵毛皮动物。貂皮以其轻便保暖、毛绒细密、毛质柔软而被誉为"软黄金"，是国际裘皮产业的支柱。我国水貂养殖始于 20 世纪 50 年代，尽管起步较晚，但发展迅猛，目前养殖数量占世界养殖总量的 50%，居世界首位。我国水貂养殖业已成为"小动物、大市场，小产业、大经济"的特色产业。

　　然而，盲目扩群、无序发展、忽视养殖过程中的良种选育和动物福利，使得我国生产的毛皮在国际市场上不具竞争力。中国皮张售价仅是国外同类产品的 60%～70%，原料皮不能直接进入国际市场，而且国内加工高档裘皮服装约 90% 选用进口貂皮。毛皮行业出现了中国是全球最大原料皮生产国，同时也是最大进口国的尴尬局面。

　　2013 年以来，毛皮行业的持续低迷对我国水貂养殖产业冲击很大，人们开始反思毛皮动物养殖过程中存在的问题。为了促进毛皮动物产业尽早走出低谷，健康有序地发展，山东省农业厅于 2014 年组建了山东省现代农业产业技术体系毛皮动物创新团队（2016 年 5 月更名为特种经济动物创新团队），旨在合力攻关，解决毛皮动物产业中存在的技术问题，加快产业转型升级和提质增效。团队设置了育种与繁殖、营养与饲料、疫病防控、设施与环境控制、加工与质量控制、产业经济6个岗位，由11名岗位专家、8名综合试验站站长共计19名专家组成。该团队把创建以来取得的研究成果和实用技术等毫无保留地奉献给本书，丰富了本书的内容。希望本书的编写出版能为广大养殖户提高水貂养殖经济效益提供理论知识和技术上的帮助。

　　由于编者水平有限，书中所提到的问题可能未能涵括水貂生产中所涉及的所有问题，有些观点难免存在不当之处，恳请广大同仁批评指正！

编著者

2019年3月

目录
CONTENTS

前言

一、水貂的生物学特性及品种特点

1 水貂的生物学特点是什么？

水貂在动物分类学上属于食肉目鼬科鼬属（*Mustela linnaeus*），是一种珍贵的小毛细皮型毛皮动物。水貂属半水生动物，善游泳和潜水。野生水貂多生活于近水地带，利用自然形成的岩洞做巢。水貂是肉食性动物。在野生条件下，以鱼、虾、蛙、鼠、蛇、野兔、鸟类等为食，并有贮食习性。水貂性凶猛、好斗、昼伏夜出。

野生水貂分美洲水貂（*Mustela uison*）和欧洲水貂（*Mustela lutreola*）两种。美洲水貂毛色较深、近黑色，颈下有白斑，尾长；欧洲水貂毛色较浅，嘴四周有白斑，尾稍短。水貂体型细长，头小而粗短，耳壳小，四肢较短，前后肢均有5趾（指），趾间有微蹼，后肢较前肢明显，肛门两侧有一对肛腺（又称臊腺）。

按被毛色型，可将水貂分为两大类，即标准水貂和彩貂。彩貂是在人工培育下出现的突变型。目前，世界上比较流行的色型有煤黑色、咖啡色、白色、米黄色、蓝宝石色、珍珠色、钢蓝色、翠绿色等。

一般成年公貂体重2 000～2 200克，体长40～45厘米；成年母貂体重800～1 100克，体长34～37厘米。

水貂的寿命为12～15年，8～10年有生殖能力。春季发情，年产1胎，一般每胎4～8只。

2 水貂的消化系统是怎样的？

水貂消化系统由消化道和消化腺两部分组成。消化道包括口腔、咽、食道、胃、小肠、大肠和肛门。

口腔中的唾液腺有腮腺、颌下腺和舌下腺3对，这些有管分泌腺体均开口于口腔。

咽狭窄而长，是消化道与呼吸道的交叉口。咽软腭前与内鼻孔相连，后与耳根相对。咽前上方经鼻后孔同鼻腔相通，后上方通食道。耳咽管开口于咽中部。

食道长约25厘米，贴于气管背面，通过胸腔向后经过横膈膜与胃贲门相通。

胃位于腹腔偏左侧，横置呈长袋状，前为贲门通食道，后为幽门通十二指肠。贲门与幽门有括约肌，胃大弯向左、小弯向右，胃黏膜层形成很多纵向排列的皱褶。

肠较短而细，包括小肠与大肠。小肠包括十二指肠、空肠与回肠，其长度为体长的3.5～4倍。胃幽门下即十二指肠，向右后侧延伸接空肠。空肠长13～26厘米。空肠往下接回肠。回肠长110～147厘米，水貂肠各段无明显界限。

大肠包括结肠与直肠，全长20厘米左右。无盲肠，直肠末端为肛门。

水貂的大、小肠无明显界限，只是结肠较粗，肠黏膜有发达的纵行皱襞，无绒毛；而小肠内具绒毛。

水貂肝脏非常发达，前端与横膈膜相接，后部盖于胃及小肠腹面，分6叶，呈暗红色。正常胆囊管暗黄色，呈梨形。胆囊管在接近十二指肠处汇成胆总管，开口于幽门约1.5厘米的十二指肠。

水貂的胰脏细长，呈半环状，长5～6厘米，宽0.5～1厘米，重量为公貂4.3克，母貂3.5克。胰分为左右两臂，左臂为胰尾，右臂为胰头。头与尾在胃幽门后方相会，胰液管在两臂相会处与十二指肠相通。

③ 水貂的消化特点是什么？

水貂的犬齿发达，门齿小而短，臼齿咀嚼面不发达；消化道较短，一般只有体长的4倍，胃容积仅有40～100毫升。与其他肉食性动物相比，水貂的胃更为简单，小肠更短，且无盲肠。饲料在体内停留时间短，食物主要依靠酶消化。食糜从小肠到结肠不会因为回盲瓣的存在而减慢，短的非囊状的结肠不会延长食糜的滞留时间，微生物也没有充足的时间作用于碳水化合物。水貂消化系统成熟较晚，仔貂胃蛋白酶、胰蛋白酶、胰凝乳蛋白酶的活性和数量在出生后 12 周内逐渐增加，所以仔貂对蛋白质的消化率较低。水貂的肠道发育到 8 周，成年后尽管水貂体重增加，但肠道在长度上保持不变，重量上有所下降。

4 健康水貂的体温是多少？

成年水貂保持相对稳定的体温，直肠温度 38.5～39.5℃。在昼夜周期中水貂的体温有所波动，凌晨 02：00—04：00 较低，下午 14：00—16：00 最高，其波动范围不超过 1℃。在昼夜周期中，公貂比母貂体温波动要大一些，其体温下限低于母貂而上限高于母貂。成年水貂的体温冬夏差别不大。在体温接近 42℃时，如果没有良好的通风条件和足够的饮水，则易发生热射病而死亡。

5 什么地方适合饲养水貂？

水貂的繁殖和换毛呈现明显的季节性，影响水貂繁殖和换毛的主要因素是光照条件。四季分明的光周期变化规律，有利于水貂的繁殖和换毛。水貂祖先生活在北纬 45°以上地区，所以水貂比较适合在纬度较高、光照及温度季节性较为明显的地区饲养，这样其毛被质量和光泽比较理想。在我国的东北、华北、华中的长江以北地区（北纬 30°～50°）比较适宜水貂养殖；我国北纬 30°以南地区不适宜水貂养殖。在低纬度地区水貂繁殖机能将受到抑制，生产性能和毛皮质量也会逐年下降。

6 目前饲养的水貂有哪些品种？

在野生状态下有美洲水貂和欧洲水貂 2 种。现在世界各国人工饲养的水貂均为美洲水貂的后裔，共有 11 个亚种。目前已出现 30 多个毛色突变种，并通过各种组合，使毛色组合型增加到 100 余种。根据色型，分为黑色系、浅褐色系、白色系、灰蓝色系 4 大类；还有组合色型，包括蓝宝石貂、银蓝亚麻色貂、红眼白貂、珍珠色貂、芬兰黄玉色貂、冬蓝色貂、紫罗兰色貂、粉红色貂和玫瑰色貂。根据基因的显、隐性，可分为隐性突变型、显性突变型和组合型等。

7 标准水貂有哪些特点？

野生水貂多为浅褐色或深褐色。在人工饲养条件下，笼养水貂毛色加深，变为黑褐或深褐色，通常称为标准色水貂（标准水貂）。

（1）金州黑色标准水貂

金州黑色标准水貂是以美国水貂为父本、丹麦水貂为母本，历时 11 年（1988—1998 年）培育出来的品种，于 2000 年 5 月通过农业部畜禽品种审定委员会审定，是我国最早被正式认定的优良水貂新品种。金州黑色标准水貂体型硕大，体质健壮。毛色深黑，背腹色泽一致，底绒深灰，下颌无白斑，全身无杂毛，光泽感强。幼貂生长发育快，繁殖力高，遗传性能稳定，适应性强。

（2）明华黑色水貂

明华黑色水貂于 2014 年正式通过国家畜禽遗传资源委员会品种审定。明华黑色水貂是由大连名威貂业有限公司牵头，在中国农业科学院特产研究所、大连市农业委员会等部门的支持下，培育而成的水貂优良新品种。明华黑色水貂是以美国短毛黑色水貂为育种素材，通过选种选育培育而成。明华黑色水貂继承了育种素材针毛平齐、光亮、灵活，绒毛丰厚、柔软、致密等优点，其下颌白斑和腹部白档个体比例明显低于育种素材，分别由 37.97% 降至 4.20% 及由 25.98% 降至无白档。明华黑色水貂的适应性、耐粗饲性、繁殖成活率及抗病力显著高于育种素材。

（3）美国短毛漆黑色水貂

1997 年，我国从美国引入了大体型短毛黑水貂，现在中国农业科学院特产研究所和辽宁大连金州饲养场已风土驯养成功并获得了较优良的后代。其特点是毛皮呈深黑色，针、绒毛平齐、光亮，长度接近一致，背腹毛颜色、质量基本一致，肉眼很难区分，是理想的优良品种。体躯紧凑，体型清秀。抗病力及适应性强，繁殖力高。鼻、眼部色泽深，其皮层内色素聚集，新生水貂容易与其他标准貂区别。

（4）加拿大黑色标准水貂

加拿大黑色标准水貂体型与美国短毛漆黑色水貂相近，但毛色不如美国短毛漆黑色水貂深，体躯较紧凑，体型修长，背腹毛色不尽一致。

（5）丹麦标准色水貂

丹麦标准色水貂与金州黑色标准水貂体型相近，松弛型体躯，毛色黑褐，针毛粗糙，针绒毛长度比例较大，背腹毛色不尽一致，但其适应性强，繁殖力高。

8 浅褐色系水貂有哪些特点？

浅褐色系水貂是隐性突变型，包括褐眼咖啡色貂、米黄色貂、索克洛特咖啡色貂、浅黄色貂。

（1）褐眼咖啡色貂

褐眼咖啡色貂又称烟色貂，呈浅褐色，体型较大，体质较强，繁殖力高，但部分貂出现歪颈。

（2）米黄色貂

米黄色貂毛色由浅棕色至浅米色，眼粉色，体型较大，美观艳丽，繁殖力强，我国的饲养量较多。

（3）索克洛特咖啡色貂

索克洛特咖啡色貂毛色与褐眼咖啡色相近，体型较大，繁殖力强，但被毛粗糙。

（4）浅黄色貂

浅黄色貂毛被色泽由极浅的黄褐色至接近咖啡色，色泽艳丽，繁殖力和抗病力均较差。

9 白色系水貂有哪些特点？

白色系水貂中的黑眼白貂和白化貂属隐性突变型，丹麦红眼白貂属组合色型。

（1）黑眼白貂

黑眼白貂又称海特龙貂，毛色纯白，眼黑色，被毛短齐，母貂耳聋，繁殖率较低。

（2）白化貂

白化貂毛呈白色，但鼻、尾、四肢部呈锈黄色，眼畏光，被毛的纯白程度不如黑眼白貂。

（3）丹麦红眼白貂

丹麦红眼白貂由咖啡和白化2对纯合隐性基因组合而成。被毛为白色，眼呈粉红色。繁殖能力比黑眼白貂高。体型较大，针毛短、平、齐。

10 灰蓝色系水貂有哪些特点？

灰蓝色系水貂是隐性突变型，包括银蓝色貂、钢蓝色貂和阿留申貂。

（1）银蓝色貂

银蓝色貂呈金属灰色，深浅变化较大，两肋常带霜状的灰鼠皮色而影响其品质。这种色型的水貂体型大、繁殖力高、适应性强，是国内普遍饲养的常见色型。

（2）钢蓝色貂

钢蓝色貂比银蓝色貂色深，近于深灰色，色调不匀，被毛粗糙，品质不佳。

（3）阿留申貂

阿留申貂又称青铜色、青蓝色、枪钢色貂，呈青灰色，针毛近于青黑色，绒毛青蓝色，毛绒短平美观。这种貂体质较弱，抗病力差。

11 黑色系水貂有哪些特点？

黑色系水貂是显性突变型，包括漆黑色貂、银紫色貂和黑十字貂。

（1）漆黑色貂

漆黑色貂又称煤黑色貂、漆炭色貂，呈深黑色，光泽度好，由于真皮层内有大量黑色素聚集，故仔貂出生时皮肤即明显黑于普通标准水貂。我国已大量引进这种色型并普遍饲养。它的特点是全身纯黑（墨炭黑），针、绒毛平齐、光亮，长度接近一致，其毛皮很像獭兔皮，背腹毛颜色、质量基本一致，肉眼很难区分，是理想的优良品种。

（2）银紫色貂

银紫色貂又称蓝霜貂，呈灰色和蓝色，腹部有大白斑，四肢和尾尖白色。由于白针散布全身，绒毛由灰至白，所以全身毛被呈灰色或蓝色。组合（FF）时产生少量的半致死基因和公貂不育（homo）。目前，这种貂皮售价很低，生产上饲养价值不高，但培育春意（BOS）系时采用此貂。

（3）黑十字貂

黑十字貂有 2 种基因型和表现型。纯合型（SS）个体能够正常成活，身躯被毛呈白色，在头、颈和尾根有黑色毛斑，肩、背和体侧有散在黑色针毛，因而具有"95％显性白"之称。杂交育种中，纯合型黑十字貂是很好的育种材料，分别与标准貂、咖啡色、银蓝色、蓝宝石色、米黄色等彩貂杂交培育出彩色十字貂。杂合型黑十字貂（Ss）的水貂肩、背部有明显的黑十字图形，其余部位毛色灰白，少有黑针。

二、水貂场的选址和建设

12 如何选择水貂场场址？

场址选择是否合理，将会直接影响水貂生产。因此，在修建水貂场之前，必须根据建场的要求和条件，认真进行全面规划和调研工作。如果轻率地选址建场，会给生产带来麻烦，甚至造成不应有的损失。

（1）饲料条件

饲料资源充足，具备饲料种类、数量、质量和无季节性短缺的资源条件，且有价格优势。具备鲜动物性饲料的冷冻贮藏、保管条件和运输条件。

（2）地势

要求地势高燥，排水通畅、背风向阳。地势低洼、潮湿、泥泞的地方不能选择建场。

（3）面积

场地的面积既要满足饲养规模的设计需要，也应考虑到有长远发展的空间。

（4）地形

地形要求不要太陡，坡地与地平面之夹角不超过 45°，坡向要求向阳南坡。若一定要建在北坡，则要求南面的山体不能阻碍北坡的光照。必须在海岛地形上建场时，则应按阶梯式设计。

（5）土质

土质要透气性、透水性好，沙壤土地面比较理想。黏土地面不利于排水，容易出现泥泞。

（6）水源

水源充足，用水量按每 100 只水貂每日 1 米³ 计算。水质要好，满足畜禽饮用水的卫生学标准。

（7）社会环境

选建水貂饲养场要充分考虑卫生防疫条件，要求环境清洁卫生、未发生过疫病和其他农业污染，环境污染严重的地区不宜建场；与居民区和其他畜禽饲养场距离 500 米以上，距离大型养殖场 1 500 米以上，远离水源 1 000 米以上；电力充足，可以保证水貂饲料的加工调制、冷冻贮藏、控制光照及进行科学研究等用电需要；嘈杂、机器轰鸣的街道或工厂附近不宜建场。

13 水貂场距离猪场、鸡场或牛场过近是否易导致疾病传播？

水貂可患大肠杆菌病、布鲁氏菌病、巴氏杆菌病等多种畜禽共患病。如果养殖场之间距离过近，则可能会导致不同畜禽种间疾病传播。根据《良好农业规范　第 6 部分：畜禽基础控制点与符合性规范》（GB/T 20014.6—2013）规定，畜禽养殖场周围 3 000 米应无大型化工厂、矿厂或其他畜牧污染源。

14 水貂场需要哪些必要的设施与设备？

水貂场需要貂舍、笼舍（貂笼和窝箱）、饲喂和饮水设备、冷库、饲料库、仓库、兽医室、贮粪设施、污水池、饲养员休息室、办公室及防护设施等。根据需要决定是否设置饲料加工间和毛皮加工室。如果选择自配料，需要设置饲料加工间并配备破冰机、粉碎机、绞肉机、搅拌机、贮料罐等；如果选择购买配合饲料，只需要配备冷库即可。毛皮加工室是毛皮初步加工的场所，需配备供剥皮、刮油、洗皮用的操作台，烘干等设备。如养殖场选择代加工，可不设置毛皮加工室和相应的设备。

为了提高劳动效率和水貂饲养水平，降低劳动强度，水貂养殖场需要一些辅助设备，如进行控光的照明设备（图2-1），清理（图2-2）、清扫和消毒等设备，貂场数字化管理所需的计算机等。

图2-1　照明设备　　　　图2-2　自动清理剩余饲料设备

15 水貂场规划的总原则是什么？

从当前的生产需要和长远的发展规划出发，全面、科学地设计貂场各类建筑物位置，做到用地合理，安排整齐，符合卫生防疫要求，便于运输管理。生产区、行政区、生活区要分开，彼此应保持一定的距离。饲料室和冷库与饲料库要靠近，以便于饲料加工，但与貂舍的距离，既要有利于饲料运送，又要符合防疫要求。病貂隔离区应远离貂舍、饲料室、水源、职工食堂和居民区。贮粪设施应在下风口处，并有专门的通道，以便粪便的运输。

16 水貂场布局的具体要求是什么？

水貂养殖场通常分为管理区、生产区（养殖区）、病貂管理区和粪污管理区。以建立最佳生产联系和卫生防疫条件来合理安排（图2-3）。

生产区主要建筑为貂舍，应设在光照充足、不遮阳、地势较平缓和上风口区域。下风口处，还应设置隔离饲养小区，以备引种或发生疫病时暂时隔离使用。

饲料贮藏加工设施应就近建于饲养区的一侧，离最近饲养貂舍

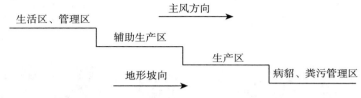

图 2-3　按风向和地形坡向分区规划

的距离 20～30 米，其他配套服务设施也不要离饲养区过远或过近。生产服务场区水、电、能源设施齐全，布局时应考虑安装、使用方便。注重安全生产，杜绝水、火、电的隐患。

生活区与生产区要相对隔离，距离稍远。生活区排出的废水、废物不能对生产区造成污染。按环保要求，杜绝环境污染。

贮粪区应在貂场的下风处，粪便经生物发酵后作肥料还田。饲料间的下水道要通畅，废水排放至污水池。

加强绿化、净化环境。整个场区均要植树种花草，减少裸露地面，绿化面积应达场区的 30% 以上。

17　如何修建貂舍？

貂舍可以建成开放式或密闭式，但生产中多以双坡式棚舍为主。这样的貂舍用材少，易施工，造价低，貂舍结构简单，只需要棚柱、棚梁和棚顶，不需要四壁。要求夏季能遮挡直射光，通风良好。根据当地情况，可采用砖木结构或草木结构，盛产石头的地方可用石块垒砌柱梁，棚顶可用石棉瓦、油毡纸、稻草等覆盖，内层加一层保温板可以加强棚顶的保温隔热，有利于防太阳辐射。

可根据当地的地形地势及所处的地理位置，综合考虑通风和采光确定貂舍的朝向。一般在平原、丘陵地区，貂舍要采取东西走向，靠近山坳的采取南北走向。貂舍通常为长 25～50 米，可根据地块的大小决定貂舍的长度。

国内多采用双列舍（图 2-4），通常貂舍宽 3.5～4 米，笼具在两侧，中间设 1.2 米宽（可通过饲料车）的作业通道。国外的作业通道会更宽些，不仅可以通过饲料车，而且还可以通过自动投放垫料的作业车（图2-5）。国外也会采用大跨度的多列貂舍（图2-6）。

图2-4 双列貂舍

图2-5 作业通道可以通过饲料车、垫料投放车

图2-6 多列貂舍

貂舍的顶高要根据当地气候特点来确定，寒冷地区宜采用矮棚貂舍，炎热地区宜稍高，有利于通风。貂舍檐高1.2~1.6米，脊高在2~2.8米。

貂舍的保温能力很差，可以在貂舍两侧加卷帘（图2-7）。卷帘在冬季可以挡风，从而改善舍内小气候，增加水貂的抗寒能力。卷帘在秋季时可以用于遮光促进毛皮成熟，也方便配种后对水貂进行分批控光。卷帘也有手动和电动两种类型。

不宜采用无棚貂舍或露天简易舍饲养水貂，无棚貂舍饲养方式不利于水貂福利，还会降低水貂毛皮产品质量。另外，一些养殖场（户）为了增加饲养数量而缩小了貂舍间距，这种做法表面上看充

图2-7　安装卷帘的貂舍

分利用了土地面积，但实际上影响采光和通风，对种貂繁殖和貂群的健康不利。

18 貂舍设计时如何考虑防寒保温？

生产中，很多人认为水貂被毛致密不怕冷，即便在寒冷的冬季也不必考虑水貂的防寒保温，这种观点是错误的。为了维持体温恒定，在低温时水貂需要消耗更多的饲料用于产热，造成饲料浪费。而且，仔貂的体温调节机能不完善，窝箱内温度低是仔貂早期死亡率高的重要原因之一。因此，生产中不能忽视低温对水貂生产带来的不良影响。国外有很多貂舍已进行了保温设计（图2-8）。

图2-8　恶劣天气时放下卷帘并打开通风缝

19 如何选择貂笼？

在北欧，标准貂笼尺寸是 45 厘米（高）×30 厘米（宽）×90 厘米（深）。在芬兰，有些貂笼为 38 厘米×30 厘米×71 厘米。也有些笼子的宽只有 20 厘米，用于饲养一只母貂，丹麦从 2010 年、挪威从 2005 年禁止使用这种貂笼。在荷兰，推荐貂笼尺寸为 45 厘米×30 厘米×85 厘米。从 2008 年起，意大利要求水貂必须饲养在环境富集的笼中（图 2-9），笼中要有水。国内种貂笼 60 厘米×45 厘米×35 厘米，皮貂笼 50 厘米×38 厘米×25 厘米。若笼子太小，水貂缺少运动，不仅不利于健康，而且严重影响其生长发育和毛皮品质。

图 2-9 环境富集貂笼

貂笼用铁丝编制（用电焊网），其网眼为 3.5～4 厘米²，笼底用 10～12 号铁丝，其余各面用 14～16 号铁丝，或用带孔铁皮代替。貂笼距地面 45 厘米以上，以免潮湿。

貂笼应配产仔箱，也称为窝箱或小室，繁殖季节用于生产和养育幼崽，在非生产季节则是睡觉和庇护之所。窝箱用 1.5～2 厘米厚的木板制成，30 厘米（长）×30 厘米（宽）×30 厘米（高）。其出入口与貂笼的开口处相接，出入孔直径为 10 厘米（图 2-10）。有人认为种貂产仔需要窝箱，皮貂没必要设窝箱，这种想法是错误的，皮貂无窝箱，会推迟秋季换毛，降低毛皮产品质量降低，增加采食量，提高饲养成本。图 2-11 为皮用貂的复式貂笼，窝箱在貂笼上方。目前，木质产仔箱使用数量在逐渐减少，复合板材质的产仔箱越来越多，虽然这种复合板的产仔箱有价格优势，但透气性不如木质材料，产仔箱内的湿度较大，幼貂容易发生皮肤病。

图 2-10　有窝箱的种貂笼　　　图 2-11　窝箱在上方的皮貂复式貂笼

笼门应灵活，在貂笼和窝箱内切勿露出钉头、铁丝头，以防损伤毛皮。

20 如何选择和安装水貂的采食和饮水设备？

可以不特别为水貂准备食盆。可将鲜饲料调制得较黏稠，直接将其放在貂笼上供水貂自由采食（图 2-12）。如果需要为水貂准备食盆，则大小要适中，以能装 250～500 克饲料的搪瓷浅盆为好。如果饲料为颗粒饲料，则需要有专门饲喂的食盆。

生产中虽然给水貂配备自动饮水器，但仍应每只貂笼中配有一只水盒。水盒是供水貂用来饮水和嬉水的地方，尤其是夏天时有利于防暑降温。

图 2-12　将鲜饲料投喂在笼上

21 水貂场需准备哪些常用的捕貂工具？

捕貂工具是水貂饲养场里的特有工具，通常有 3 种。

（1）棉手套

特制一种垫充棉花较多、较厚的布制棉手套，供检查疾病，在配种季节检查发情、放对，剥取皮张或跑貂时抓貂用。

（2）串笼箱

串笼箱是用木板和铅丝网制成的长方形小笼箱，前后两头分别各装一扇可以抽出插入的活动门，箱的两边是用花铁皮或铅丝网或用 0.8 厘米的粗铅丝栅条制作的，底盖两部分用木板制作，顶部有提手，供配种、运输和跑貂时诱捕用。其规格为 35 厘米（长）×20 厘米（高）×15 厘米（宽）。平时抽出一侧门，放置在貂舍的四周墙边屋角里，水貂逃跑的习惯类似鼠类，沿着墙边跑，遇洞就钻进去，当串笼箱门开着时，水貂就会很自然地钻进去躲避。饲养员只要把门插下，就可逮住水貂。

（3）捕貂网

捕貂网是用塑料线或尼龙绳结成的圆筒式网，开口串联在 6 毫米的钢圈上，再将钢圈扎绑固定在竹竿或木柄上。当水貂越出笼子在地上乱跑时，可用捕貂网罩住，捕捉送回原饲养笼内。其规格为网口直径 30 厘米，柄长 150 厘米。

三、水貂的选种及引种

22 水貂选种的指标及标准是什么？

（1）毛色和光泽

毛色和光泽是决定貂皮质量、华美度和利用价值的重要指标。

1）毛色　要求必须具有本品种的毛色特征，全身一致，无杂色毛，颌下或腹下白斑不超过 1 厘米²。标准水貂的优良个体要求底绒呈深灰色，最好针毛呈漆黑色，底绒呈漆青色。腹部绒毛呈褐色或红褐色的必须淘汰。彩貂应具备各自的毛色特征，个体之间色调均匀。褐色系应为鲜明的青褐色，带黄或红色调的应淘汰。灰蓝色系应为鲜明的纯青色，带红色调的应淘汰。白色系应为纯白色，带黄或褐色调的应淘汰。

2）光泽度　各种水貂均要求毛绒光泽度强。

（2）毛绒长度和密度

取背正中线 1/2 处的两侧毛被，针毛长不超过 25 毫米，绒毛长不超过 15 毫米，针、绒毛长比值为 1∶0.65 以内，而且毛峰平齐、有弹性、分布均匀，绒毛柔软且灵活。背腹毛色、毛质接近，尾毛长而蓬松。毛绒密度方面，鲜皮毛纤维为 12 000 根/厘米² 以上，干皮为 30 000 根/厘米² 以上，且分布均匀。

（3）体重和体长

成年公貂体重 2.0 千克以上，母貂体重 0.9 千克以上。成年公貂体长（鼻尖至尾根）45 厘米以上，母貂体长 38 厘米以上。要求体大松弛，体质健壮。

（4）繁殖力

成年公貂配种开始早，性情温驯，在 1 个配种季节里能交配 15 次以上，所配母貂空怀少，胎产仔 6 只以上，年龄 2～3 岁；成年母貂体型稍细长，臀部宽，头部小，略呈三角形。发情正常，交配顺利，妊娠期在 55 天以内，产仔早，窝产仔成活在 6 只以上，母性强，乳量足，仔貂发育正常；当年幼貂出生在 5 月 1 日以前，发育正常，系谱清楚，采食旺盛，体质健壮，体型大，换毛早，眼大有神，反应和行动敏捷，但不暴躁。

23 何时对水貂进行选种？

水貂育种的关键在于选种。根据育种方向和育种指标，制定严格的选种标准进行初选、复选和终选。

（1）初选在分窝时进行

当年仔貂应按窝选留，选择出生早（5 月 1 日前出生），发育正常，系谱清楚，食欲旺盛，无杂毛，无自咬病，同窝所产仔貂 7 只以上的留种。成年母貂应选择 1～3 岁，发育正常，交配顺利，产仔日期在 5 月 1 日之前，窝产仔数 7 只以上，母性强，乳量充足，所产仔貂发育正常的留种。成年公貂应选择配种能力强、精液品质优良、受配母貂产仔率高的留种。初选要比实际留种数多 50％。

（2）复选在 9 月下旬

根据生长发育情况、体型、体重、体质、毛绒色泽和质量、换毛时间等对成年貂和幼貂进行逐只选择。根据秋季换毛时间、秋季换毛速度、毛绒品质、体况、健康状况和后裔鉴定成绩选择留种。复选数量要比实际留种数多 20％。

（3）终选在 12 月打皮前

终选是在复选基础上，主要根据毛绒品质和健康状况两方面进行选留。根据毛绒品质（颜色、光泽、长度、细度、密度、弹性、分布等）、体型、体质类型、体况、健康状况、繁殖能力、系谱和后裔鉴定等综合指标逐只仔细观察鉴别，选优去劣。具体参照"选种标准"（问题 22）。对选定的种貂统一编号，建立系谱，登记入册。

24 水貂留种的注意事项是什么？

①有效乳头数不少于 6 个。母貂的有效乳头数对胎产仔数影响不明显，但对仔貂的成活率影响很大，有效乳头多的母貂其仔貂成活率远高于有效乳头少的母貂。

②8 月底前开始脱换夏毛，10 月上旬全身冬毛长齐。实践证明，正常饲养管理条件下，换毛晚的种貂第二年繁殖性能差。

③10 月下旬将经血检阿留申病为阳性的种貂全部淘汰。阿留申病会严重影响水貂的生长发育和繁殖性能，可水平和垂直传播，目前尚无有效的防治办法，只能通过淘汰阳性种貂来减小其危害。

④留种的成年公貂每年交配母貂不少于 4 只、配种次数 15 次以上，所配母貂受孕率与分娩率高、胎产仔数不低于 7 只。

⑤留种的成年母貂发情早、发情征状明显、规律性强，5 月1 日以前分娩，胎产活仔数不低于 7 只，母性强、整窝仔貂发育均匀良好、成活率 90％以上，哺乳结束后体况恢复快。

⑥选留的青年种貂要求双亲繁殖性能高；自身 5 月 1 日以前出生、生长发育好；同窝出生的仔貂不低于 7 只，断奶时存活 5 只以上，个体间发育均匀。公貂睾丸大小适中、左右对称、无粘连。母貂外阴正常、乳头多且分布均匀整齐。

25 产仔数较少的母貂可以继续留作种用吗？

母貂的繁殖性能是重要的育种指标，但水貂的胎产仔数是一个低遗传力性状，遗传力估计值小于 0.1。如果母貂的其他性状如毛色、毛质都很优秀，只有产仔数不满足要求，仍可以留为种用，或者母貂的姐妹产仔数较多仍可以留为种用，但要注重选配，即与其配种公貂的繁殖性能要好。

26 母貂将仔貂叼出产箱后不管，这样的母貂还可以留作种用吗？

需要具体分析母貂将仔貂叼出的原因。由于母性不好或泌乳力不足而叼仔的母貂，坚决将其剔除，不能留为种用。有些母貂叼仔是由于人为的因素导致，出现如下情况，母貂易出现叼仔现象。

①检查过于频繁，来往人员过多，机动车辆或机器等噪声大。

②有的母貂产仔后奶下得非常快，仔貂吃不过来，发生乳房炎，仔貂吃奶时母貂疼痛难忍。

③产仔后检查时带入异味，比如手洗得不干净，有香味或其他异味等。

④饲料不全价，缺乏某种微量元素或蛋白质。

由以上因素导致叼仔的母貂不应淘汰。

27 埋植褪黑激素的水貂可以留作种用吗?

生产上，水貂埋植褪黑激素是为了提前取皮，种用貂没有必要埋植褪黑激素。埋植褪黑激素的水貂不建议留作种用。

28 种貂的等级标准是什么?

以标准水貂为例，成年种貂等级鉴别及评价参见表3-1。

表3-1 成年水貂等级标准

项目	特级	一级	二级
毛色	深黑	黑	黑褐
毛质	短、平、细、亮	短、平、亮	平、亮
体况	健壮丰满	健壮	健壮紧凑
配种能力	强	强	较强
母水貂胎产仔数（只）	>8	>6	>5
断奶成活数（只）	7	6	5
秋季换毛	9月中旬前	9月下旬前	10月上旬前

29 幼貂的等级标准是什么？

以标准水貂为例，幼貂等级鉴别及评价参见表3-2。

表3-2 幼龄水貂等级标准

项目	特级		一级		二级	
	公	母	公	母	公	母
断奶重（克）	≥390	≥350	≥350	≥320	≥310	≥300
11月份体重（千克）	＞2.2	≥1.0	＞2.0	≥0.9	＞1.8	＞0.85
11月份体长（厘米）	＞48	≥39	＞45	≥38	＞40	＞36
胎产仔数（只）	＞8		＞6		＞5	
胎产仔成活数（只）	7		6		5	
秋季换毛	9月20日前		9月30日前		10月10日前	
毛色	深黑		黑		黑褐	

30 美国短毛漆黑水貂的引种标准是什么？

国内引进美国短毛漆黑水貂时，对种貂的品质鉴别及评价标准有以下几点。

（1）外貌

1）头部 公貂头型轮廓明显，面部粗短，眼大有神，公貂雄悍，母貂纤秀。

2）躯干 颈短而圆，胸部略宽，背腰粗长，后躯较丰满，腹部较紧凑。

3）四肢 前肢短小、后肢粗壮，爪尖利，无伸缩性。

（2）体型

1）体重 引种季节（9月下旬）公貂体重2千克，母貂1千克；成年公貂体重2.25千克，母貂1.25千克。

2）体长 引种季节（9月下旬）公貂不小于40厘米，母貂不小于37厘米。成年公貂体长不小于45厘米，母貂不小于38厘米。

（3）毛绒品质

①毛色：漆黑，背腹毛色一致，底绒灰黑，全身无杂色毛，下颌白斑较少或不明显。②毛质：针毛高度平齐，光亮灵活有丝绸感，绒毛致密，无伤损缺陷。③针、绒毛长度及比差：公貂针毛长16毫米、绒毛长14毫米左右；母貂针毛长12毫米、绒毛长10毫米左右；针、绒毛长度比1：0.8。④外观：毛被短、平、齐、密、细、亮、黑。

（4）外生殖器官

1）公貂　触摸睾丸时，两睾丸发育正常、匀称、互相独立、无粘连。

2）母貂　阴门大小、形状、位置无异常，无畸形，乳头多且分布均匀。

31 什么时间引种比较合适？

9月底至10月，此时幼貂已长至成貂大小，且正值秋高气爽之时，是选购运输种貂的适宜季节。一般单位都只能出售当年的幼貂，选择时可参照上述标准（问题22）。9—10月时幼貂和老貂从形态上可以区别出来。老貂一般体质较瘦，针毛较粗，但光泽较好，牙齿和爪不尖锐。母貂的颈背部多数还有少量的白毛（是交配留下的痕迹）。当年幼貂一般较肥胖，针毛较细、欠光泽，绒毛较丰满，牙齿和爪尖细，母貂颈背没有白色杂毛，引种时间最迟不应晚于1月1日。

32 引种时应注意哪些问题？

（1）做好调查和准备工作

购买种貂时，应该提前走访几个大型养貂场，观察养殖情况、管理情况及种貂品质等，询问种貂从国外引入的时间、繁殖情况、养殖技术，以及有无阿留申病等。经过观察、咨询和查看生产记录后，决定自哪个养貂场引种。引种前，提前划出隔离区供引入貂使用，做好消毒垫草工作，准备好捕貂网、串笼等工具，做好笼具、饲喂和饮水设施的检修，安排好负责人。一般来说引种应在9—10月进行，换毛期间可以观察换毛情况，换毛早晚对繁殖有明显影响。地域上尽量避免养殖环境差异过大，主要包括温度、光照、水源和饲料等。

（2）挑选种貂

根据前期的调查，选定引种场，仔细询问技术员或者饲养员该种貂的配种高峰期和产仔高峰期，索取仔貂的生产记录或者标记。种用貂应该被毛齐全整洁，眼神明亮，鼻镜湿润，体况良好，出生于产仔高峰期阶段，不能太早或者太晚，同窝仔数不能少于6个，同胞个体差异不明显。选取的种貂应来自3个以上种源地，这样可以增加种用公貂的使用年限。一般公、母貂比例控制在1∶4，可适当增加公貂数量，避免因公貂损失造成配种压力大。挑选的种貂应控制在拟购买数量的150%左右，挑选完毕后，可使用对流免疫电泳法或者碘凝集法进行阿留申病貂的筛选淘汰。

（3）运输

装车前做好一切减少应激的措施。提前查看两地天气预报，避免温差过大；必须单笼运输，防止厮咬；运输途中因不提供饮水，可投喂多汁的黄瓜、苹果、萝卜等；用苫布遮盖运输笼，避免风吹雨淋，防止感冒，注意留下通风孔；到场后立即卸貂，提前准备好食物和水；如有条件可从引种场购买饲料，使饲料和饲喂方式逐渐过渡。

（4）适应

新引入的水貂都有一个适应新环境的过程，一般需要1个月时间。养殖环境变化较大时，适应时间会更长，这个过程可能会造成死亡。除了注意饲料的逐渐过渡外，可以适当增加营养性添加剂的供给，并投放一些抗菌药物。必须给新引入貂提供铺好垫草的窝箱，提供躲避场所，以避免过度应激。

四 、水貂的繁殖和育种

33 怎样建立育种核心群?

在精心选种的基础上，由最理想的一级种貂组成，一般占留种水貂群的 20%～30%。育种核心群始终是全场质量最高的一群，要严格淘汰不理想的后代。同时注意某些微小的有益性状变异，并有目的地积累这些有益性状，进一步提高育种核心群的质量。核心群的种貂不断向生产群扩充，以逐渐代替生产群，使整个貂群的生产性能及质量不断提高。

34 种母貂的使用年限是多少?

水貂利用年限一般为 3～4 年。2 岁和 3 岁母貂的受配率、产仔率、胎平均产仔数和胎平均成活数均优于 1 岁和 4 岁母貂。5 岁以后，母貂的生殖机能减退，繁殖性能下降。

35 种群内适宜的公母比例和年龄结构是多少?

留种时要保持 1:（3.5～4.0）的公母比例，另外，每 10 只母貂还要多留 1 只公貂，以免配种季节因公貂发生意外而导致母貂失配。5 岁及以上种貂的繁殖性能显著降低，留种的水貂应以 2 岁水貂为主，1 岁、3 岁、4 岁水貂为辅。种貂群保持 2～4 岁的成年貂占 60%～70%，当年新入选的青年种貂不超过 40% 的比例较为适宜。生产上，有些貂场为了降低饲养成本，只饲养青年种貂，种公貂配完种后立即取皮，种母貂产仔后经过冬毛生长期后取皮，这种方式不合理，浪费了优良的种质资源。

36 水貂种貂的选配方式有哪些？

（1）同质选配

同质选配是选择具有相同优良性状的个体交配，以期在后代中巩固和提高双亲所具有的优良特征。同质选配时，在主要性状上（遗传力高的性状），公貂的表型值不能低于母貂，这样才能保证下一代的优点突出，而不至于每个个体各种性状都向群体平均数靠拢。该选配方式常用于纯种繁育及核心群的选育提高。

（2）异质选配

异质选配是选择具有不同优良性状的个体交配，以期在后代中用一方亲本优点去改良另一方亲本的缺点，或结合双亲的优良性状，创造新的优良类型。该选配方式常用于杂交选育。

（3）远亲选配

远亲选配是祖系三代内无亲缘关系的个体选配，也称远缘选配，是一般繁殖过程中要求尽量做到的选配。

（4）近亲选配

近亲选配指祖系三代内有亲缘关系的个体选配，是在育种过程中有目的进行的。一般生产群中应尽量杜绝近亲交配。

（5）年龄选配

不同年龄的个体选配对后代的遗传性状有影响，一般老龄个体间选配，老、幼龄个体间选配更优于幼龄个体间的选配。

（6）体型选配

公貂体型必大于母貂体型，且宜大配大、大配中、中配大、中配小，不宜小配小。

37 如何利用好种公貂？

①公貂在初配前 1 周左右，把发情良好的经产母貂捉到公貂笼前进行异性刺激，每天上下午各 1 次，每次 10～20 分钟，促使公貂发情。

②进入配种期，初配阶段每只公貂每天交配 1 次，连续交配 3～4 天后休息 1 天。

③在初配复配并进阶段和补配阶段每天交配 1～2 次。如果 1 天交配 2 次，2 次交配间隔 5～6 小时，连续交配 4 次后休息 1 天。

④整个配种期每只公貂交配应达到 10～15 次，初配阶段公貂的利用率达到 85% 以上，初配复配并进阶段利用率要达到 90% 以上。

38 如何提高公貂的体质？

可以在配种前的 21 天对公貂进行体能训练。在 21 天时，可以人为地对水貂进行减料，减到正常饲喂量的 2/3。这样水貂在吃不饱的情况下就会到处找食，并且上蹿下跳，连续减料 7 天左右，再恢复到原先的采食量，这样就可以人为地制造水貂的危机感，并且在上下跳动的同时锻炼了后腿的力量，到配种时就不会因为体能下降而导致配种失败。

39 如何保证水貂的繁殖力？

（1）做好选种选配工作

建立种貂档案；严格选种；保持适当的公母比例和年龄结构；科学选配。

（2）做好种貂的配种工作

准确把握适宜的放对时机；检查种公貂的精液品质；采用合理的配种方式；合理利用种公貂。

（3）做好种貂的饲养管理工作

调整种貂体况；实行短期优饲；注意控光，避免光污染。

（4）做好种貂的保健和疾病预防工作

40 种貂档案应该包括哪些内容？

建立健全种貂档案，这是选种选配必不可少的原始数据。对于现代化养殖场，要实行科学管理，必须有完整、系统、准确的档案作为依据和凭证。国外特别重视档案的建立和管理，通过每只水貂特有的条形码和识别系统，可以将水貂的系谱记录、产仔性能、毛皮质量等一切所需的信息进行有效的收录，实现水貂生产的数字化管理（图4-1）。传统的种貂登记卡上要有种貂的编号、体重、品种、来源、出生日期、同窝仔貂数、外部特征、等级、年度的繁殖性能等信息，尤其是要有父母、祖父母和外祖父母的编号。

图4-1 水貂识别系统和水貂信息录入

41 如何对公貂进行发情鉴定？

对公貂分别在取皮前和翌年1月10日前各进行一次发情鉴定，用手触摸睾丸检查发育情况，对睾丸发育不良、肿大、单睾或隐睾的公貂坚决淘汰。

42 何时对母貂进行发情鉴定？

对母貂分别在1月30日、2月10日、2月20日和放对前各进行一次行为观察法和外生殖器官检查法相结合的发情鉴定。当母貂出现亢奋、阴毛分开、阴唇红肿、阴道流出白色浓稠黏液、接受试情公貂爬胯时，即可进行放对配种。到3月中旬仍看不到外阴部有变化的母貂，则采用放对试情法和阴道内容物细胞图像检查法进行鉴定。

43 何时是水貂适宜的配种时间？

在配种季节，公貂始终有发情表现。母貂一般有3～5个发情周期，每个周期均可发情交配，每个周期7～10天。在发情开始时进行全群发情鉴定，在笼箱上标记出每只水貂的发情状态，通过肉眼观察判断其发情动态。从外阴部分瓣状态（个别隐性发情除外）确定母貂发情时间，最好对发情旺期的母貂进行放对配种。

1）一撮毛　没有分瓣即没有发情。

2）开口期　即发情初期。

3）一期　开口不大，观之可见分1瓣或2小瓣，每隔3天观察是否到发情旺期。

4）一期半　分3瓣，每隔3天观察是否到发情旺期。

5）二期　开口大、湿润，分4瓣。

6）二期半　开口大、湿润，分很多瓣，像开花一样，故也称为"开花"，为发情旺期，此时最适合配种并培训小公貂的配种能力。

7）三期　即发情末期，开口大但不湿润。

44 什么是初配？什么是复配？

母貂在一个发情季节里第一次达成的交配称为初配。第二次及以后达成的交配称复配。通常母貂配种都要两次以上，即初配后为了确保母貂受孕，还需进行复配。

45 水貂生产中常用的配种方式有哪些？

水貂生产上经常采用的配种方式是周期复配、连续复配及周期连续复配 3 种方式。连续复配就是在同一发情周期内连日或隔日交配 2 次;周期复配是在相邻的 2 个或 3 个、4 个发情周期各交配 1 次，每 2 次交配间隔 7～8 天。周期连续复配，即周期复配与连续复配相结合，包括先周期、后连续配 3 次，先连续、后周期配 3 次，周期、连续、周期配 4 次。实践证明，在配种时期连续受配 2 次，或先周期、后连续保证在旺期受配 3 次的母貂，受孕产仔率最高。受配次数越多，空怀率越低，但对产仔数并无影响。3 月 18 日后，对个别没有达成 2 次有效交配或交配不理想的母貂，采用连续复配的方式进行补配，补配时间最晚不能超过 3 月 25 日。

46 母貂已表现发情，为什么拒绝交配？

个别母貂已发情但会表现出拒配，遇到公貂就逃跑、尖叫，当公貂叨住母貂颈部后母貂打滚，甚至乱咬公貂，使公貂无法爬胯。造成难配的原因很多，必须查清难配的原因，以便采取相应的措施。有的当年青年母貂配种经验不足，应选择经验丰富的公貂进行交配。如母貂生殖器官畸形、外阴部高或阴道口小时，可按摩阴门后再放对交配。对隐性发情的母貂，应设法鉴定准确的发情期，以顺利达成交配。个别择偶性强的母貂也拒配，可通过更换公貂达成交配。对不会抬尾的母貂，可用线绳将其尾巴吊起，以辅助配种。第一次配种时被公貂咬伤的母貂，由于伤口疼痛而拒配，应待其伤口愈合后再放对配种。还有些是人为错过母貂发情期造成的难配，必须耐心等待下一个发情期再配。严禁大量使用雌激素或捆绑强制交配。对个别比较厉害、始终强烈拒配的母貂，至配种末期可采用强制办法，即用胶布将嘴及前肢捆住，用线绳吊尾，使其达成一次交配。交配完毕后要立即将胶布、线绳解掉，否则会造成局部血液循环障碍，进而坏死。总之，难配母貂所占比例不大，应想尽一切办法，使每只母貂在配种阶段至少达成一次交配，以免造成失配或空怀。

47 繁殖期母貂如何控光？

规律控光可缩短母貂平均妊娠期，也可使母貂集中产仔，提高仔貂 3 日龄成活率。如果貂场有足够的周转空间用以避免未完成配种的公貂、母貂受到光污染，可以采用分批控光的方法，即每只母貂结束配种后立即开始增光。否则必须等到全群水貂结束配种后再统一开始增光，若想增光效果明显，需要在保证配种质量的前提下尽可能早地结束配种。生产中可根据增光起始时长的不同分为递增式和恒定式两种增光方式。

（1）递增式增光

第 1 次延长光照使光照总时数（自然光照时数与人工光照时数之和）达到 12 小时 30 分钟，其后每 5～7 天使光照总时数增加 15～30 分钟，当达到夏至时的自然光照时数后便不再继续增加，直至半群母貂产仔即可结束人工增光，只接受自然光照。

（2）恒定式增光

在增光过程中，每天增光时间相同，即 1.5～2 小时。可在日落后一次性延长 1.5～2 小时，也可分别在日出前和日落后各增加 45 分钟至 1 小时。光照总时数也需要控制在夏至时的自然光照时数以内，并在半群母貂产仔后结束人工增光。

增光时均使用 40～60 瓦的节能灯，离笼顶 65～70 厘米，间隔 2.5～3 米设 1 盏灯。要按照貂场所在地的日出日落时间计算自然光照时长，通过所设定的接受光照总时长，相减之后即开灯（增光）时长。开灯时间应在日落前 15～20 分钟，阴天时可再提前一些，这些时间不算入增光时间，同时要严格按时关灯。增光母貂要远离公貂和未配种母貂，根据实际情况可选择遮光布、帘、门等进行光线遮挡。

科学而规律地人工增减光照，对促进水貂繁殖有一定的益处；而盲目和不规律地增减光照，会造成动物光敏效应紊乱，导致不可逆转的繁殖失败和经济损失。对于不理解控光原理和不能严格执行既定光照制度的养殖场，不建议人工控光。

48 繁殖期公貂如何控光？

配种前 30～40 天对公貂增光，保证每日 11 小时 30 分钟的光照时间。经过光照，公貂性欲高、配种能力强、精液品质好。特别是美国短毛黑公貂，效果较明显。公貂利用率可达到 98％，交配次数最低 9 次，最高可达 17 次。

49 自然光照条件下母貂能否产生足够的孕酮（黄体酮）？

在自然光照条件下，春分以后日照时间大于夜间时间，黄体被激活，其分泌量逐渐增加，直至 4 月 1—10 日，可以满足受精卵在子宫内着床的条件。水貂配种后，受精卵处于游离期（受精卵在子宫内游离、不着床发育，即滞育期），因为没有足够的黄体酮而不能使受精卵着床。若想使受精卵尽快着床，必须让母貂产生黄体酮，有效的办法就是模拟春分后的自然光照。在完成配种后，增加光照时间（人为增加光照），诱导母貂分泌黄体酮，使白天日照的时间加上增加光照的时间大于春分（3 月 22 日）的自然光照时间，促使水貂提前分泌黄体酮，使受精卵早着床，缩短游离期。因此，配种后延长光照能够缩短妊娠期，使母貂集中产仔（且在 5 月 1 日前产仔），增加产仔数。但如果不能掌握人工控光的要点，不建议使用人工控光，以免给生产带来更大的经济损失。

50 对于繁殖期内水貂可以使用黄体酮吗？如何使用？

黄体酮是维持水貂妊娠所必需的内分泌激素。在配种结束后补充黄体酮与人工增加光照的目的相同，是为了模拟春分后母貂体内黄体酮水平，缩短胚胎滞育期，使母貂提前产仔。在水貂怀孕过程中补充一定剂量的黄体酮可以防止流产。在配种结束后 3 天内，每天对每只母貂补喂黄体酮 4 毫克（2～6 毫克），至少连续用药 10 天，能适当提高其生产性能。然而也有因为黄体酮使用不当造成大批流产的报道。在水貂妊娠后期不应使用黄体酮，必须使用时，剂量不宜过大。如果不能正确使用，则不建议使用。

五、水貂的营养与饲料

（一）营养物质及其生理作用

51 饲料中含有哪些营养成分？

饲料的营养成分有水分、蛋白质、脂肪、无氮浸出物、维生素及无机盐等。

52 水对水貂有什么营养作用？

水是构成机体的重要成分，也是水貂生命活动中不可缺少的物质。正常成年水貂体内水分含量约为体重的65％，胎儿及仔貂含水量更高。动物体内的一切新陈代谢过程都离不开水。水貂在丧失其全部脂肪和半数以上蛋白质时仍然可以存活，然而在丧失10％的水分时就会死亡。所以全年应供给水貂充足的洁净饮水。

53 水貂对蛋白质的供给有什么要求？

蛋白质的基本结构单位是氨基酸，由多种氨基酸联结而成。水貂对蛋白质的需要有数量和质量两方面要求。蛋白质是构成水貂机体各种组织的主要成分，其作用是脂肪和糖所不能取代的，蛋白质不足将影响水貂的生命活动。但蛋白质过多，也会导致浪费和某些疾病的发生。除数量外，水貂还要求供给氨基酸平衡的优质蛋白质。

54 水貂必需氨基酸种类有哪些？

水貂体内通过转氨作用，可以由葡萄糖代谢产物和氮合成氨基酸，这些氨基酸是非必需氨基酸，包括丙氨酸、天门冬氨酸、谷氨酸、甘氨酸、羟脯氨酸、脯氨酸、丝氨酸和牛磺酸。体内不能合成必须外源补充的氨基酸是必需氨基酸。必需氨基酸包括精氨酸、组氨酸、异亮氨酸、亮氨酸、赖氨酸、蛋氨酸、苯丙氨酸、苏氨酸、色氨酸和缬氨酸。半必需氨基酸包括胱氨酸和酪氨酸。饲料中缺乏必需氨基酸，会造成水貂蛋白质代谢紊乱、营养失调、生长发育受阻、体重减轻、生产性能下降等不良后果。

精氨酸对于大多数动物是非必需氨基酸，但对于水貂却是必需氨基酸。当精氨酸从日粮中去除后，会由于高氨血症引起水貂体重急剧下降。

55 怎样使日粮中的氨基酸起互补作用？

绝大多数饲料中蛋白质的氨基酸组成是不完全的，不是缺这一种，就是少那一种。所以日粮中的饲料种类单一时，蛋白质的利用率不高。若用两种以上饲料混合饲喂，几种饲料所含氨基酸能彼此补充，使日粮中必需氨基酸趋于完全，从而提高饲料蛋白质的利用率和营养价值。这种作用称为蛋白质的互补作用。

56 影响水貂蛋白质利用率的因素有哪些？

蛋白质是水貂体内所有组织和器官构成的主要原料，是参与水貂体内物质代谢不可缺少的物质；蛋白质在物质代谢过程中也释放能量，也是机体能量来源之一。饲料的含氮物质总称为粗蛋白质，它包括纯蛋白质和非蛋白氮，而纯蛋白质是由氨基酸组成的，因此蛋白质的质量主要取决于其氨基酸的种类和数量。

（1）年龄

随着水貂年龄增加，其消化道功能不断完善，对食入蛋白的消化率也相应提高。

（2）饲料

纤维水平、蛋白酶抑制剂等均影响蛋白质消化吸收。纤维物质对饲粮蛋白质消化、吸收都有阻碍作用，随着纤维水平增加，蛋白质在消化道中的排空速度也增加，消化时间减少。大豆及其饼粕类，未被有效处理时，含有多种蛋白酶抑制因子，其中主要是胰蛋白酶抑制剂，能降低胰蛋白酶活性，从而降低蛋白质消化率并引起胰腺肿大。

（3）蛋白能量比

饲料中蛋白质与能量的比例不当会影响营养物质利用率并引起营养障碍。能量偏高会影响采食量，造成蛋白质摄入不足，使机体出现氮的负平衡，影响生长发育。

（4）氨基酸平衡状况

符合水貂生理需要时蛋白质利用率最高。氨基酸不平衡或氨基酸出现颉颃，均可降低蛋白质利用率，增加粪便中氮的排放量，对环境造成污染。

（5）加工

处理饲料原料时温度过高或者时间过长，会引起蛋白质中氨基酸的游离氨基与还原糖的醛基产生棕色反应，生成一种不能被动物利用的氨基糖复合物，使氨基酸利用率降低，特别是赖氨酸。

57 水貂对脂肪有什么要求？

在饲料分析中，所有能用乙醚提取出来的物质，总称为脂肪。它包括脂肪及类脂化合物等。脂肪是构成机体的必需成分，是动物体热量的主要来源，也是能量最好的贮存形式。1克脂肪在体内完全氧化可产生 $3.89×10^4$ 焦耳热量，比糖类高 2.25 倍。水貂对脂肪的需要量较蛋白质低，且要求有一定比例。脂肪不足会影响生长发育、繁殖甚至导致发病；脂肪过多时，会严重影响饲料适口性，造成采食量降低。繁殖期还需要含有必需脂肪酸的脂肪。脂肪一定要新鲜，氧化酸败的脂肪对水貂危害极大。

58 什么是脂肪酸？

脂肪酸是构成脂肪的重要成分，现已发现 30 余种。脂肪酸与甘油共同构成种类繁多和结构复杂的混合甘油酯。按照脂肪酸的性质，可分为饱和脂肪酸与不饱和脂肪酸两大类。饱和脂肪酸的化学性质比较稳定，不容易被氧化。不饱和脂肪酸化学性质极不稳定，在脂肪中含量越高则熔点越低，碘化价越高，越容易氧化变质。

59 什么是必需脂肪酸？

在动物生命活动中所必需的，体内又不能合成或不能大量合成的，必须从饲料中获得的不饱和脂肪酸，称为必需脂肪酸。亚麻酸、亚油酸、花生四烯酸是必需脂肪酸。水貂必需脂肪酸的最低需要量为干物质含量的 0.5%，妊娠期和泌乳期为 1.5% 时，才能维持健康。泌乳期母貂的脂肪需要量要根据仔貂的数量和生长情况来确定，但此时期水貂需要大量的亚油酸，当添加量占代谢能的 5% 时最为适宜。实践已证明，繁殖期日粮中不仅要注意蛋白质的质量，对脂肪也不能忽视。必需脂肪酸的供给和必需氨基酸的供给一样重要。

60 育成期水貂日粮中是否需要添加脂肪？

育成期水貂生长发育过程中体内沉积的脂肪主要来源于饲料脂肪。脂肪是水貂体内贮存能量的主要形式，是水貂体内供给热量的重要物质。脂肪是脂溶性维生素的溶剂，维生素 A、维生素 D、维生素 E、维生素 K 等脂溶性维生素的消化吸收、输送及利用，都需要脂肪参与完成。育成期水貂用于脂肪沉积的能量利用率高达 80%，脂肪提供的能量比蛋白质和碳水化合物更容易被水貂利用。

育成期水貂体内以蛋白质沉积为主，对脂肪的需要量低于冬毛期，而且配合饲料中的主要原料为鱼类、鸡架、鸡肝等动物性饲料，如果配合饲料中脂肪的含量能够满足其生长发育的需要，就没有必要再额外添加脂肪，否则必须添加。

61 冬毛生长期日粮中脂肪的适宜含量是多少？

9月以后，水貂生长速度减慢，接近体成熟。随着秋分以后的日照光周期变化，水貂将陆续脱掉夏毛，长出冬毛，进入冬毛生长期，体内脂肪沉积逐渐增加，生殖器官开始发育。水貂冬毛生长期日粮脂肪推荐量为 $20\% \sim 25\%$。若脂肪供应不足，则不仅增加蛋白质消耗，而且水貂容易患脂溶性维生素和必需脂肪酸缺乏症，造成繁殖力下降、毛绒品质下降等；还会导致水貂体脂贮存不足，御寒力差，容易死亡。若日粮中脂肪含量过高，可使水貂食欲减退，造成营养不良、生长迟缓、毛绒品质低劣，引起机体代谢机能发生障碍。脂肪代谢发生障碍是引起尿湿症的主要原因之一。

62 日粮中脂肪含量与水貂毛绒发育有关系吗？

有关系。脂肪是构成毛皮动物细胞的必要成分，皮肤和被毛中含有的中性脂肪、磷脂、胆固醇等，可使被毛具有良好的弹性、光泽和保温性能。

63 什么是碳水化合物？碳水化合物有哪些生物学作用？

碳水化合物是由碳、氢、氧3种元素组成的有机物，其中氧和氢比例为 $1:2$，与水相同，因而得名。碳水化合物包括粗纤维和无氮浸出物两大类。粗纤维主要成分是纤维素、半纤维素和木质素等。无氮浸出物主要包括淀粉和糖。

碳水化合物是机体热能的重要来源之一，可在机体内转化为体脂贮存起来或转变为肝糖原和肌糖原备用，同时，碳水化合物能参与调节机生理功能，防止脂肪酸氧化过程中产生过多的酮体。碳水化合物还具有解毒、利尿功能。对水貂来说，碳水化合物的主要来源是禾本科、豆科作物的籽实和薯类的块根。

64 水貂对碳水化合物的需要量是多少？

在人工饲养条件下，成年水貂一般每日需要含碳水化合物的谷实类饲料 13～20 克/只，占日粮总热能的 20% 左右；幼龄水貂在快速生长后期日需谷实类饲料 25 克/只左右，约占日粮热能的 30%。用谷实类饲料作为热能的主要来源，可以减少蛋白质和脂肪的消耗，从而避免由有机酸和酮体过多所造成的酸中毒；而且与蛋白质和脂肪供能相比，碳水化合物供能最经济合算。

水貂缺乏对碳水化合物中纤维素的消化机能。但日粮中干物质含有 1% 的纤维素时，能刺激胃肠蠕动，帮助消化。当纤维素增加到 2% 时，则将增加其他营养物质的消耗量，纤维素增到 3% 以上，则往往引起水貂消化不良、腹泻。

65 粗纤维对水貂的消化有哪些作用？

尽管水貂对粗纤维的消化能力非常低，但纤维素仍然是水貂必需的营养物质。粗纤维可使食团松散，刺激胃肠蠕动和消化液分泌，从而有助于饲料的消化吸收。因此，水貂日粮中必需搭配合理的植物性饲料，如膨化玉米、膨化小麦等，否则将影响饲料的消化吸收。

66 水貂需要的维生素有哪些？各有什么营养作用？

（1）维生素种类

根据维生素的溶解性，可将水貂需要的维生素分为两大类：①脂溶性维生素，包括维生素 A、维生素 D、维生素 E 和维生素 K；②水溶性维生素，包括 B 族维生素（硫胺素、核黄素、泛酸、烟酸、维生素 B_6、维生素 B_{12}、生物素、叶酸、胆碱）和维生素 C。

（2）维生素的营养作用

水貂体内和肠道内不能合成维生素，而且水溶性维生素也几乎不能在体内贮存。因此，水貂需要的维生素必须从饲料中获取。饲料中一旦缺乏，即可影响体内物质代谢过程，引起缺乏症或代谢病。

1）维生素A　可维持水貂视觉功能，对机体的生长发育、繁殖及抗病力均有重要作用，也是维持机体内一切上皮组织正常所必需的物质。供给不足时，可引起夜盲症，上皮细胞角质化，种貂繁殖力降低，生殖机能失调，不发情，空怀，胚胎吸收，流产；幼貂生长受阻，生长迟缓，被毛发育不良，骨骼和牙齿发育不好，抵抗力降低，易患传染性疾病。过量时，会引起中毒，临床症状与缺乏症相似。

2）维生素D　参与机体钙、磷的吸收和代谢过程，以维持体内钙、磷平衡。缺乏时，母貂泌乳减少，泌乳期缩短，过度消瘦，食欲减退，衰弱死亡；胎儿发育不良，幼貂易患佝偻症，体短，腹部大，食欲不佳，腹泻。

3）维生素E　具有抗氧化作用，能防止不饱和脂肪酸氧化，保护脂质生物膜的结构和功能，也是水貂正常繁殖所必需的，可促进种貂性器官发育和成熟。维生素E不足时，公貂睾丸体积变小，精细管萎缩，精液品质差；母貂发情推迟，发情紊乱，失配增多，胚胎吸收或流产。严重缺乏时，肝组织病变，可视黏膜黄染。

4）维生素K　参与机体凝血过程，促进肝脏中凝血酶原和凝血因子的合成，保障机体的正常凝血过程。缺乏后可导致体表、体内出血，凝血时间延长，严重时可导致死亡。

5）硫胺素（维生素B_1）　参与碳水化合物代谢中的氧化脱羧反应，是α-酮酸脱羧酶的辅酶。能增强机体消化机能，促进食欲，改善生长发育，防治多发性神经炎。缺少维生素B_1，水貂会出现拒食现象，有的还会出现典型的神经症状。新鲜的淡水鱼类多含有硫胺素酶，可破坏硫胺素的活性，以淡水鱼为主的水貂饲料中应注意补充硫胺素。

6）核黄素（维生素 B_2） 是黄酶辅基（FMN 和 FAD）的主要成分，参与体内能量代谢，与蛋白质、脂肪和糖类代谢密切相关。可促进幼貂生长发育。缺乏维生素 B_2 时，影响水貂体内营养物质的代谢，造成生长停止，生物氧化能力降低。常表现腿部僵硬，后肢瘫痪，食欲差、腹泻、口腔溃烂、皮肤炎等。

7）烟酸（尼克酸或维生素 PP） 在体内与核苷酸结合组成辅酶Ⅰ和辅酶Ⅱ，是组织代谢中极为重要的递氢体，参与组织的生物氧化过程。因此，烟酸不足，可使机体内一系列生化过程发生紊乱。烟酸还有维持消化道和皮肤机能正常的作用，能促进毛绒生长。烟酸缺乏可引起癞皮病的发生，表现为皮肤角质型发炎、脱屑；继发感染后，皮肤糜烂，毛皮质量降低，严重时伴有食欲不振、消化不良、腹泻、消化道溃疡。

8）维生素 B_6 在体内以磷酸吡哆醛和磷酸吡哆胺的形式存在，是蛋白质代谢中氨基转移酶和氨基氧化酶的辅酶，并参与氨基酸的脱羧作用。维生素 B_6 与肝脏和造血机能有关，可防止贫血，并有促进生长、保护皮肤的功能。维生素 B_6 缺乏时，蛋白质代谢发生障碍，红细胞数量显著减少，血红蛋白含量降低，发生贫血，生长迟滞，皮肤发炎，被毛粗糙，痉挛，心肌变性。水貂日粮中蛋白质含量高，应注意补充维生素 B_6。

9）泛酸 主要作为辅酶 A 的成分参与蛋白质、脂肪、糖三大营养物质的代谢过程。缺乏后可引起皮肤炎症，毛皮质量下降；还可导致口腔及眼睑部位皮肤干燥、炎症；运动神经障碍。

10）生物素 体内细胞羧化酶的辅酶，参与三大营养物质的代谢过程。缺乏后可导致皮肤干燥，皮炎，眼睑肿胀。

11）叶酸 为水貂体内一碳基团转移酶的辅酶、一碳基团的传递体，促进甲基转移，并参与细胞核中核蛋白的合成和造血机能，有促进水貂生长和性腺发育的功能。叶酸缺乏时，易导致生长迟缓、贫血、胃肠炎等。

12）维生素 B_{12} 是含钴的维生素，参与一碳基团代谢，是传递甲基的辅酶。能防止发生恶性贫血，在核苷、核糖的代谢过程中，起着辅酶作用。在氨基酸合成，甲基转换过程中，维生素 B_{12} 起着重要的作用，在血红蛋白辅基部分合成过程中，甲基是必不可少的。维生素 B_{12} 缺乏，可使造血机能遭到破坏，血红蛋白浓度降低，发生恶性贫血；同时组织生物氧化过程发生障碍，水貂营养不良，生长停滞，身体抵抗力显著下降。

13）胆碱 构成卵磷脂和乙酰胆碱的成分；在脂肪代谢中具有重要作用，可增强肝脏对脂肪酸的利用，防止脂肪在肝脏中的异常沉积；可提供活性甲基参与其他物质代谢。缺乏后可导致脂肪肝，影响水貂的生长发育。

14）维生素 C（抗坏血酸） 广泛存在于蔬菜和水果中。能维持牙齿、骨骼的正常功能，可提高机体免疫力和抵抗力，增强仔、幼貂的生活能力；参与细胞间质的合成，防止坏血病；具有较强的还原性，在体内发挥重要的抗氧化作用。缺乏时，易导致口腔、齿龈出血。母貂妊娠期缺乏时，初生仔貂易得红爪病。患病仔貂尾和四肢水肿、皮肤潮红，仔貂不能吮乳，不及时救治死亡率达70％～90％。高温、抓捕等应激条件下，机体对维生素 C 的需要量增加，应注意补充。

67 水貂分窝后需要在日粮中添加维生素 E 吗？

维生素 E 是水貂必需的营养物质，具有重要的抗氧化作用，可防止维生素 A 的氧化破坏，保护生物膜的结构和功能；同时维生素 E 还与血管和神经系统的结构和功能有关；参与特定抗体的生成，提高机体免疫力等。维生素 E 缺乏可导致水貂生物膜的结构和功能被破坏，外周血管的渗透性增强，伴发神经症状，抗病力下降。水貂断奶分窝后，生长速度逐渐加快，对蛋白质和脂肪的需要量增加，需要较多的维生素 E，加之断奶分窝对水貂的应激较大，对外界环境的抵抗力较低，日粮中需要添加较多的维生素 E 和其他营养物质满足其生长发育的需要，缓解应激的不良影响。

68 维生素 A 可以预防结石吗？

可以。尿结石是在肾脏、膀胱及尿道内出现的矿物质盐类沉淀。水貂的尿结石，多发于断乳后、发育较好、出生日龄比较早的幼龄水貂，公貂多于母貂。维生素 A 为脂溶性维生素，蓄积于肝脏，供动物机体较长久地利用。维生素 A 对机体的生长发育、繁殖及抗病力有重要作用，也是维持机体内一切上皮组织正常功能所必需的物质。维生素 A 不足可引起上皮细胞角化甚至脱落，特别是泌尿器官的上皮形成不全或脱落，导致尿结石核心物质增多，促使结石形成。

69 水貂必需的矿物质元素有哪些？各有什么营养作用？

矿物质是机体必需的组成部分，维持机体内的电解质和酸碱平衡，缺乏和过多都会影响机体正常代谢。水貂必需的矿物质元素，根据体内含量可分为常量元素和微量元素两大类。

（1）常量元素

常量元素指体内含量在 0.01% 以上的一类矿物质元素，主要包括钙、磷、镁、钠、钾、氯、硫 7 种。

1）钙和磷　钙大部分以碳酸钙、磷酸钙、氯化钙等无机盐的形式存在。钙是骨骼的主要成分，也是构成血液和淋巴的成分。一部分与蛋白质相结合存在。磷主要以无机盐的形式存在于骨骼中，或以有机化合物的形式存在于蛋白质、磷脂、糖的成分内。钙和磷是机体必需的元素，参与机体内重要的生理生化过程，是机体各种组织，尤其是骨骼、牙齿、血液等的主要成分，对妊娠、泌乳母貂和生长中的幼貂尤为重要。钙能使神经系统的兴奋性降低，血钙水平如果过低时，可引起神经系统过度兴奋、肌肉发生痉挛，因而对维持神经与肌肉的正常生理活动有重要意义。此外，钙也参与血液凝固过程。磷是保证机体内中间代谢正常进行所必需的物质，也是组成酶的一部分，对血液的酸碱平衡起着调节作用。

日粮中长期钙、磷供给不足或者缺乏维生素D，可引起幼貂生长发育停滞，发生佝偻病；成年貂缺乏钙、磷或维生素D，可发生骨质松软、骨纤维化及软骨病。在繁殖季节，钙、磷不足易造成胚胎吸收、仔貂生命力弱，母貂产后缺乳、瘫痪，消化机能障碍和性机能减退等。钙、磷比例过度失调，可引起毛绒粗糙、脆弱、无光泽及食欲减退等。

2）镁　镁在动物体内分布很广，但含量不多，有助于骨骼形成，它与钙、磷代谢有密切关系，摄取过多时影响钙、磷的结合，妨碍机体的沉钙作用。镁参与糖代谢，是糖中间代谢的必需催化剂。缺镁时，动物生长停滞，神经失调，发生痉挛，易患皮肤病。

3）钾、钠、氯　钾多以磷酸钾的形式存在于肌肉、红细胞、肝脏及脑组织中。钾是细胞内液的主要成分，对肌肉组织的兴奋性及红细胞的发生有特殊的生理功能。钾盐能促进新陈代谢，有助于消化。钾的缺乏易引起幼貂生长发育受阻，成年貂食欲减退，心肌活动失调；母貂发情紊乱、不易受孕。钾盐广泛存在于动植物饲料中，在正常饲养条件下，水貂不容易发生缺钾症。钠主要存在于细胞外液中，是血液、淋巴液、组织液中的主要成分。钠有维持体内酸碱平衡、细胞内液与细胞外液之间渗透压平衡及调节水代谢的作用，对维持水貂机体内环境稳定，保证各器官系统的正常生理机能有重要意义。钠对神经系统及肌肉组织的兴奋性有调节作用。氯主要以氯化物的形式存在于水貂机体内，少部分与有机酸、蛋白质相结合，具有调节生理机能的作用；水貂体内钠、钾含量的比例对细胞、组织的正常机能活动有重要影响。

日粮缺乏食盐，可使胃酸分泌减少，影响胃的消化能力，食欲减退；幼貂生长发育迟缓，哺乳母貂极度消瘦，精神萎靡，体内水分减少，并可使繁殖力大大降低。水貂易缺乏钠、氯，但其对钠的耐受量低，易引起中毒（食盐中毒）。

4）硫　主要存在于蛋白质中，是构成某些氨基酸（胱氨酸、蛋氨酸）的重要组成成分，也是调节代谢的物质，如胰岛素、硫胺素都含有硫，对调节水貂体内的物质代谢有一定作用。水貂毛绒与皮肤中含有大量胱氨酸，因此硫对促进毛绒生长和脱换有重要作用。若长期不足，可使毛绒品质下降，在毛绒生长期尤其应注意硫的供应。换冬毛前提高日粮中含硫氨基酸的供给，可减轻自咬症、食毛症发生。肝脏含硫、镁元素较高或喂食的饲料中含硫过高时均可引起腹泻。

（2）微量元素

微量元素是体内含量在 0.01% 以下的矿物质元素，主要包括铁、铜、锌、锰、钴、碘、硒、铬等。生产中比较重要的微量元素如下。

1）铁　在动物机体内以有机物形式存在，如血红蛋白、肌红蛋白、氧化酶等，也有的以无机盐形式贮备。铁主要存在于血液、肝、脾、骨骼等组织中。一般情况下，水貂不会发生缺铁现象，饲料中如果长期缺铁，则会引发贫血症；母貂奶中缺铁，可引起幼貂贫血症。妊娠母貂胚胎畸形、死胎、流产、瘦弱死亡；仔貂皮肤苍白、瘦弱、死亡率高，40～60 日龄貂底绒变白；冬毛期被毛脆、易断裂，针毛脱落。

2）铜　与组织呼吸密切相关，也是合成血红蛋白的催化剂，能促进铁和蛋白质的结合而形成血红蛋白，是构成水貂机体组织的必要成分。缺铜时，铁的正常代谢受到影响，引发营养性贫血。缺铜还可导致有色被毛褪色，毛绒品质下降，生长停滞，食欲下降，体重减轻等。

3）锌　遍布动物机体各组织器官中，是体内多种酶的成分或激活剂。锌是碳酸酐酶的主要成分，促进碳酸的合成与分解，是组织呼吸的必要因素。碳酸盐的沉积与碳酸酐酶有关，所以也会影响骨骼的形成。锌与性腺、胰腺、垂体的活动密切相关。缺乏时，可引发食欲不振、生长迟缓、无生殖能力及皮肤发炎等。

4）锰　是动物有机体内许多酶的激活剂，对动物生长发育、钙、磷沉积和成骨作用有直接影响。缺锰时，可造成骨化障碍、骨骼变形、生长缓慢，成年水貂可导致性机能减退。日粮中补充锰盐，可明显促进仔貂生长和骨骼的形成。

5）钴　是血红蛋白和红细胞在生成过程中不可缺少的元素，对骨骼的造血机能有直接作用。缺钴时，会引起水貂厌食、营养不良、贫血、母貂不孕、流产或死胎。仔貂生活能力弱、发育迟缓、性机能失调、死亡率高。

6）碘　是构成甲状腺激素的重要组成部分，通过甲状腺激素，调节水貂机体新陈代谢、生长发育、毛绒脱换、性机能等。碘缺乏时，水貂代谢机能减弱，生长发育受阻，抗病能力降低，死亡率升高，繁殖力下降及毛绒脱落等。

7）硒　是谷胱甘肽过氧化物酶的组成成分，具有重要的抗氧化作用。缺乏时，引起毛细血管的渗透性增强，导致皮下水肿、肝细胞坏死、肌肉营养不良等症状。我国东北、西北是缺硒地区，粮食中亦缺硒，在水貂生产中需要添加亚硒酸钠。

70 日粮中的适宜钙、磷比例为多少？

钙和磷的主要功能是构成水貂的骨骼和牙齿，尚有一少部分存在于血清、淋巴液及软组织中。幼貂及妊娠、哺乳母貂需要量较大。由于水貂机体是按一定比例吸收钙和磷，所以日粮中补磷还是补钙，或磷、钙一起补，应根据日粮中磷、钙含量来确定。钙和磷的适宜比例一般为（2～1)：1。骨粉含钙30%以上、含磷15%以上，是最好的补充饲料。碳酸钙、乳酸钙、蛎粉、蛋壳粉主要用来补钙；磷酸氢钙主要用来补磷。

71 饲料中需要长期添加食盐吗？

食盐是水貂所需钠、氯的来源。钠具有重要的生理作用，能保持细胞与血液间渗透压平衡，维持机体酸碱平衡，使体内组织保持一定量的水分。同时对心脏、肌肉的活动也有调节作用。氯在机体中分布较广，在细胞、各组织及体液中均有，大部分存于血液和淋巴液中，另一部分以盐酸的形式存在于胃液中。如水貂缺氯，胃液中盐酸就要减少，食欲明显减退，甚至造成消化障碍。因此，为了满足水貂对钠和氯的需要，每天应往饲料中添加食盐，每天每只用量为0.5~0.8克，不宜过多，以免中毒。

72 什么是营养平衡？如何保障水貂营养平衡？

营养平衡指饲料所提供的能量及其他营养物质与动物所需的一致，即动物消耗的营养物质与从食物获得的营养物质达到平衡。要保障水貂营养平衡，首先必须了解水貂对能量、蛋白质、氨基酸、矿物质、维生素等营养物质的需要量，再结合饲料中的营养物质含量，科学合理地设计饲料配方，才能充分满足水貂的营养需要。

73 营养缺乏或过量对水貂会产生哪些影响？

营养缺乏或过量对不同时期水貂均有危害。

（1）育成前期

水貂正处于体型增长最快的时期，饲粮营养供给是否充足直接影响以后水貂体格的大小、繁殖性能和皮张等级质量。如果此时期水貂营养缺乏，蛋白质、氨基酸、矿物质及维生素摄入不足，将影响水貂正常生长发育，降低后期的毛绒品质。相对而言，此时期营养过量影响较小。

（2）育成后期

蛋白质供给不足时，水貂机体的蛋白质代谢处于负平衡状态，体重下降、消瘦，生长停滞，甚至会危及生命，造成死亡。而脂肪过多会引起代谢机能发生障碍，脂肪代谢发生障碍是引起尿湿症的主要原因之一。若脂肪在体内不能完全氧化，则其酸性代谢物会随尿排出，使尿呈酸性，从而腐蚀尿道引起发炎。尿液还可腐蚀毛皮，使毛皮质量下降。

（3）配种期

这一时期水貂尤其是公貂营养消耗较大，食欲下降，更易出现营养缺乏，造成水貂急剧消瘦，交配能力下降；母貂造成繁殖力下降、死胎、缺乳、毛绒品质下降等。体脂贮存不足时，御寒力差，易导致死亡。但当营养过量时，体脂贮积过多，致体况过肥，影响水貂的繁殖性能；公貂精子生长受阻，品质下降，配种能力下降；母貂性周期紊乱，发情延迟甚至不发情，已配种的出现空怀、流产或难产等问题。

（4）妊娠期

这一时期水貂营养需要除满足自身正常需要，还要保证胚胎在体内的营养需要。若出现营养缺乏，会影响体内胎儿的生长发育，导致胎儿发育不良，甚至死胎、流产，以及分娩后母貂缺乳，造成仔貂死亡。如果营养过量，水貂体况过肥，则造成胎儿发育大小不均，难产增多，母貂产后无乳或缺乳，影响产仔及仔貂成活。

（5）哺乳期

哺乳期水貂营养消耗最大，此时期若出现营养缺乏，会造成水貂体况消瘦，影响其正常哺乳及仔貂的存活。若水貂在妊娠期体脂贮积过多，则造成体况过肥、产后缺乳等不良后果。

74 水貂各生理阶段的营养需要是怎样的？

根据水貂的生活习性，一般将水貂的生理阶段划分为6个阶段。

（1）准备配种期

每年的9月下旬至翌年2月末。根据水貂性腺的发育及其生理特点，可划分为3个阶段，即9—10月为准备配种前期、11—12月为准备配种中期、翌年1—2月为准备配种后期。采食量母貂160～220克，公貂250～350克，此时期是种貂调整体况时期，水貂生理活性较低。营养需要量是全年最少的时期，故应注意日粮能量水平应适当降低，以防长得过于肥胖，影响3月发情配种。

（2）配种期

每年的3月初至3月中旬。此期，公貂食欲下降，采食量减少；饲料应少而精，适口性好，消化率和营养价值高；增加动物性饲料的比例，提供平衡营养，以保证具有旺盛持久的配种能力和良好的精液品质。母貂保持配种后期营养水平。

（3）妊娠期

每年的 3 月下旬至 4 月底或 5 月初。妊娠期不固定，37～89 天不等，多数 40～55 天，平均为（47±2）天。此阶段，为满足母体和胎儿生长的需要，必须保证饲料品质新鲜，饲料种类多样化，保证营养成分全价。采用鱼、肉混合搭配的日粮，提高蛋白质的生物学价值。

（4）哺乳期

每年的 4 月底至 6 月中旬。母貂除自身的营养需要外，还要泌乳供给仔貂，满足其生长发育的需要。母貂体内代谢旺盛，泌乳量逐渐增加，对能量和蛋白质要求高。仔貂 20 日龄后的体重可达初生重的 10 倍以上。母乳不足，会对仔貂生长发育带来很大危害。为了促进母貂泌乳，应增加牛、羊乳和蛋类等营养全价的蛋白质饲料，并适当增加脂肪含量。

（5）育成期

每年的 6 月中下旬至 8 月底。此期，仔貂生长发育速度快，对能量、蛋白质需要较多。20 日龄仔貂一般体重 120～150 克，50～60 日龄时体重可达到 800 克。日粮中动物性饲料不得少于 60%，并保持多种饲料搭配使用。同时，注意能量、蛋白质、维生素、矿物质等营养物质的平衡供应，以满足其快速生长的需要。

（6）冬毛生长期

每年的 9 月初至 11 月中旬。9 月以后，幼貂机体增长逐渐变慢，幼貂与成年貂均逐渐开始脱夏毛长冬毛。此期主要是沉积体脂以满足越冬的需要，同时还要满足绒毛生长的需要，应提供充足的蛋白质和含硫氨基酸。水貂换毛期营养不良会造成夏毛脱落不干净，冬毛生长不全、白底绒、食毛、自咬等情况出现，严重影响毛皮质量。

水貂不同阶段饲料营养成分含量推荐值见表 5-1。

表 5-1   水貂不同阶段饲料营养成分含量推荐值（干物质基础）

阶段	代谢能（兆焦/千克）	粗蛋白（%）	粗脂肪（%）	赖氨酸（%）	蛋氨酸（%）	钙（%）	总磷（%）	食盐（%）
配种期	16.4	32	12	1.6	0.8	1.0	0.8	0.58
妊娠期	16.8	34	12	1.6	0.9	1.2	1.0	0.5
哺乳期	17.0	36	14	1.8	0.9	1.5	1.2	0.5
育成期	16.8	34	12	1.8	0.9	1.5	1.2	0.5
冬毛生长期	16.4	32	16	1.6	1.0	1.0	0.8	0.58

75 怎样配制准备配种期的日粮？

准备配种期正值严寒的冬天，水貂要长冬毛抵抗寒冷，同时还要供给性器官生长发育的营养，为抵御寒冷还要消耗大量的能量。所以在制订饲料单时，要考虑全价营养的饲料和足够的能量。一只种公貂日能量需要量达到 1.088 兆焦左右，必要时可增加到 1.255 兆焦；母貂日能量需要量应达到 0.920 5～1.088 兆焦，每天应供给可消化蛋白质 30～35 克，脂肪 6～8 克；动物性饲料应占总饲粮的 65%～70%，谷物类饲料占 25%～30%，蔬菜占 3%～5%；维生素 A 1 500 国际单位，维生素 E 2.5 毫克，维生素 D 150 国际单位，维生素 B_1 3 毫克，维生素 C 30 毫克，酵母 10 克，食盐 0.5 克，有条件的还应加麦芽。

76 育成期水貂的营养生理特点是怎样的？如何根据这些特点满足其营养需要？

育成期是水貂体型增长最快的时期，饲养状况直接影响以后水貂体格的大小、繁殖性能和皮张质量。幼貂从断乳到 4 月龄时生长发育快，尤其断乳后前 2 个月（45～105 日龄）是生长发育最快的时期，公貂绝对生长量为 18～19 克/天，母貂为 7～12 克/天。45 日龄时幼貂的体重是初生重的 50 倍，3 月龄时则达 100 倍。此期，水貂体内沉积的主要为蛋白质，脂肪较少。同时，水貂的消化系统和免疫系统尚未发育完全，对外界环境条件变化的适应能力较低。

日粮配合和饲喂要遵循以下原则：保证蛋白质的供给与能量的合理比例。如果能量偏高，将影响采食量，造成蛋白质摄入不足，影响生长发育。保证矿物质元素和维生素的供给，骨骼的生长需要钙、磷等矿物质元素，摄入的营养物质的消化、吸收和利用也需要诸多维生素和微量元素的参与。分窝后前1～2周幼貂食量逐渐增加，应投喂营养丰富、品质新鲜、容易消化的饲料，开始饲喂量不要太多，以便幼貂适应饲料，适应后饲喂量逐渐增加，防止出现消化不良和消化道疾病。分窝半个月后提高日粮饲喂量，以幼貂吃饱而不剩余为原则，不限制饲喂量。幼龄貂吃饱的标志是喂食后1小时左右将饲料吃光，且消化和粪便情况无异常。喂食应尽量在早、晚天气较凉爽时进行。

77 埋植褪黑激素貂与未埋植褪黑激素貂的生长发育特点相同吗？

不相同。埋植褪黑激素后皮貂已转入冬毛生长期，应采用冬毛生长期饲养标准进行饲养。与未埋植褪黑激素水貂相比，水貂埋植褪黑激素2周以后，食欲增强，采食量增加，有贪睡表现，体重增长快，冬毛生长期提前，换毛速度加快，毛皮成熟提前。由于埋植褪黑激素貂冬毛生长期提前，要及时给以冬毛生长期饲料，确保饲粮营养水平全价，以保证水貂换毛时对蛋白质和含硫氨基酸等物质的需求，适时增加和保证饲料供给量，以皮貂吃饱而少有剩食为度，以利于绒毛生长和成熟。

78 种貂和皮貂的饲养各有什么特点？

（1）蛋白质饲料

种貂要利用质量好和全价的肉、鱼饲料，其比例要高于皮貂。皮貂动物性饲料的比例可适当降低，但也必须满足毛绒生长对蛋白质的需要。可多用一些较廉价的营养价值较低或不容易消化的动物性饲料，但应注意多种饲料混合搭配，以提高蛋白质的全价性。

（2）含脂率高的动物性饲料

皮貂日粮中脂肪含量可适当增高，这不仅可以节省蛋白质饲料，还有利于皮貂积存脂肪，生产光泽好、张幅大的皮毛。但脂肪饲喂量也不宜太多，否则皮貂过肥，腹部下垂，会引起腹部毛绒磨损，降低皮张质量。种貂应少喂含脂高的饲料，以保证繁殖体况（防止过肥），并促进性器官发育。

（3）谷物饲料

谷物饲料，种貂不应多饲喂，而皮貂可适量多饲喂一些。但也不能饲喂太多，过多将使皮貂毛绒成熟延迟，毛色变浅，失去光泽。

（4）饲料添加剂

种貂应补饲酵母、维生素类，以促进性器官发育；皮貂根据饲料情况可不喂或少喂。但应注意 B 族维生素（尤其是维生素 B_1 和维生素 B_2）的补给。缺乏维生素 B_1，会引起貂群食欲减退；缺乏维生素 B_2 会使绒毛颜色变得浅淡。

（二）饲料原料及饲料卫生

79 水貂常用的饲料原料有哪些？

水貂饲料通常分为动物性饲料、植物性饲料、矿物质饲料、微生物饲料和添加剂饲料等。

（1）动物性饲料

动物性饲料主要包括新鲜鱼类及其加工副产品、肉类饲料、畜禽加工副产品、干动物饲料、奶和蛋类饲料等。

（2）植物性饲料

植物性饲料主要包括谷物、油料作物和果蔬类等。

（3）矿物质饲料

矿物质饲料主要包括食盐、磷酸氢钙、石粉、沸石粉、膨润土等。

（4）微生物饲料

微生物饲料包括饲料酵母、发酵饲料等。

（5）添加剂饲料

添加剂饲料主要有维生素、微量元素、氨基酸、抗生素、微生态制剂、酶制剂、寡糖类、酸化剂和抗氧化剂等。

80 水貂常用饲料原料的营养特性有哪些？

（1）动物性饲料

1）新鲜鱼类及其加工副产品　鲜鱼的营养成分依其种类、年龄、捕获季节及产地等条件而有很大差异。一般鲜鱼中蛋白质的含量为 13%～18%，脂肪含量为 0.7%～13%。干物质中粗蛋白质含量一般为 50% 左右，且氨基酸平衡，必需氨基酸含量高，水貂的消化率和营养价值高，是水貂饲料的主要原料。鱼类副产品包括新鲜鱼排（如鳕鱼排和鲽鱼排）、鱼头及内脏，其蛋白质含量低于鲜鱼，但一般占干物质的 40%～45%，氨基酸组成比较平衡，可与鲜鱼搭配使用。新鲜的海杂鱼生喂，适口性好，蛋白质消化率高。多数淡水鱼中含有硫胺素酶，可破坏硫胺素（维生素 B_1），应熟制后饲喂。

2）肉类　指各种畜禽的肉类。新鲜，经检疫无病无毒的可直接利用。病死畜禽肉不能作为饲料使用。肉类饲料可占动物性饲料的 20%～30%。此类原料中一般水分含量 75%，蛋白质 10%～20%，脂肪 2%～20%。

3）畜禽加工副产品　包括畜禽的头、骨架、内脏和血液等，在生产中已被广泛应用。日粮中肉类副产品一般占动物性饲料的 30%～40%。繁殖期不能饲喂含激素的副产品（如含甲状腺、肾上腺等内分泌腺的组织）。这类饲料干物质中粗蛋白质的含量一般为 20%～40%，粗脂肪的含量 20%～30%，营养成分变异较大，应用时最好实测。以鸡头、鸡脖、鸡架和鸭架、鸡肝和鸭肝、鸡肠等禽加工副产品应用较多。

4）乳类和蛋类　是水貂优质蛋白质的来源之一，消化率很高（95％）。在妊娠期和泌乳期使用，对母貂泌乳及幼貂生长发育有良好的促进作用。每只水貂的饲喂量一般不超过40克。鲜乳在70～80℃条件下加热15分钟消毒后方可饲喂，酸败变质的乳不能喂貂。建议将鲜奶制成发酵乳饲喂，效果更好。如果用全脂奶粉代替鲜乳，可用开水按1∶（7～8）稀释调配。蛋类包括鲜蛋、照蛋和毛蛋，蛋类应熟喂才能提高营养价值。一般在水貂配种期补充蛋类，可提高公貂配种能力和精液品质。

5）干动物饲料　这类饲料蛋白质含量高，一般都在60％以上，品质良好，生物学价值高。可用于生产水貂干粉饲料、颗粒饲料，也可用于鲜配合饲料。主要包括以下几类。

①进口鱼粉：由鲜鱼经过干燥粉碎加工而成。蛋白质含量65％左右，氨基酸平衡，必需氨基酸含量高；脂肪含量一般10％～12％；富含B族维生素，尤其是核黄素、维生素 B_{12} 含量高。对水貂的营养价值高。质量好的鱼粉饲喂量可以占动物性饲料的20％～25％。

②肉骨粉：以不宜食用的家畜躯体、骨、内脏等作为原料，熬油后干燥所得产品。粗蛋白质含量为50％～60％，赖氨酸含量高，B族维生素含量较多，脂肪含量高，在鲜鱼和肉类产品缺乏时，可以作为很好的水貂饲料原料。建议饲喂量为日粮干物质的20％以下。

③血粉：是以动物血液为原料，脱水干燥而成。粗蛋白质含量为80％～85％，但氨基酸组成不平衡，含赖氨酸、蛋氨酸、精氨酸、胱氨酸较多，而蛋氨酸、异亮氨酸、精氨酸含量低；有利于水貂毛绒和幼貂的生长，但血粉的蛋白质主要为血纤维蛋白，水貂的消化利用率较低。故用量不宜过多，一般占动物性饲料的10％～15％。

④羽毛粉：由禽类的羽毛经过高温、高压和焦化处理后粉碎制成，粗蛋白质含量为80％～85％，含有丰富的胱氨酸、谷氨酸和丝氨酸，在春秋换毛季节饲喂有利于水貂毛绒生长，并可以预防水貂

的自咬症和食毛症。但蛋氨酸和赖氨酸含量较低，营养不均衡，含有大量的角质蛋白，不利于水貂的消化吸收，而且适口性较差，一般需要与其他动物性饲料配合使用，建议冬毛期添加量为5％以下。

（2）植物性饲料

植物性饲料主要为水貂提供碳水化合物和能量。主要种类包括谷物、油料作物和果蔬类等。由于水貂肠道内淀粉酶的活性低，难以消化利用植物性饲料中的淀粉，必须对植物性饲料进行适当的加工处理，使淀粉变性，有利于水貂的消化吸收。

1）膨化玉米　玉米的可利用能量高，主要是淀粉和脂肪含量高（分别为72％、4％），且含有较多的亚油酸，蛋白质含量一般仅有8％左右。水貂对玉米淀粉的利用率较低，必须对玉米进行膨化处理，使淀粉糊化。膨化玉米指经过水分、热、机械剪切、摩擦、揉搓及压力差综合作用下的淀粉糊化过程的玉米。膨化玉米色泽淡黄，粉细蓬松，具有爆米花香；膨化玉米有熟化度和膨化度两个方面的要求，分别用淀粉糊化度和物料容重来衡量。一般适合于饲喂水貂的膨化玉米为中膨化度产品，容重0.3～0.5千克/升，水分8％～10％，淀粉糊化度90％以上。

2）膨化小麦　有效能值低于玉米；粗蛋白含量较高，达13％，但赖氨酸、含硫氨基酸的含量较低。膨化小麦外观呈茶褐色或淡咖啡色，粉细疏松，麦香浓郁，滑润可口。小麦膨化过程中的熟化、灭酶、灭菌，使蛋白质、碳水化合物等大分子物质被降解，阿拉伯木聚糖等抗营养因子的活力被破坏。

3）膨化（全脂）大豆　大豆蛋白质含量38％，脂肪含量17％～19％。但生大豆中含有抗胰蛋白酶、脲酶、抗原蛋白等抗营养因子，不能生喂，必须经熟化或膨化后才能消除其中的抗营养因子，提高消化率。膨化大豆水分含量12％以下，蛋白质含量35％以上，脂肪含量16％以上，抗营养因子含量极低，是一种能量和蛋白质相对平衡的饲料原料。

（3）矿物质饲料

纯净的食盐含氯60％，钠39％。

（4）微生物饲料

1）饲料酵母　泛指以糖蜜、味精、酒精、造纸等的废液为培养基生产的酵母。外观多呈淡褐色，蛋白质含量40%～60%。富含B族维生素。

2）发酵饲料　指在人工控制条件下，利用有益微生物自身的代谢活动，将植物性、动物性和矿物性物质中的抗营养因子分解，生产出更易被动物采食、消化、吸收并且无毒害作用的饲料。水貂饲料中常用的为发酵大豆粕、发酵玉米。

（5）添加剂饲料

添加剂饲料主要包括维生素类、微量元素类、氨基酸类、抗生素类、微生态制剂、酶制剂、寡糖类、酸化剂和抗氧化剂等。主要作用是补充饲料中缺乏的维生素、微量元素和氨基酸，平衡营养，提高饲料养分利用率；防治水貂疾病，提高抗病力，保障水貂健康；促进生长发育，生产优质毛皮；改善饲料品质，有利于饲料贮存。

81 鱼类饲料有哪些种类？其营养特性有哪些？

鱼类饲料是水貂动物性蛋白质的重要来源之一，营养物质消化率高。鱼类不饱和脂肪酸含量高，储存不当时容易氧化变质。日粮中全部以鱼类作为动物性饲料时，可占日粮的70%～75%，并且要多种鱼混合饲喂，有利于氨基酸的互补；鱼类饲料与肉类饲料搭配使用时，鱼类饲料可占动物性饲料40%～50%。鱼肉混合作为动物性饲料进行饲喂，效果比单独使用鱼类及使用品种单一的鱼类效果更好。鱼类饲料概括起来可分为海杂鱼类和淡水鱼类两种，除河豚、马面豚等有毒鱼类外，其余都可以作为水貂饲料。

（1）海杂鱼

海杂鱼类饲料来源比较广泛，价格相对较低，能量一般为3.35～3.77兆焦/千克，可以满足水貂各个生物学时期的营养需要，适合作为水貂常年饲料使用。在繁殖期，应饲喂蛋白质含量较高的鱼类；秋冬季节，应饲喂含脂肪较高的鱼类；其他时期，可饲喂廉价的海杂鱼。新鲜的海杂鱼适口性强，蛋白质消化率高，可以生喂，过度加热会破坏赖氨酸，同时使精氨酸转化为难以消化的形式，色氨酸、胱氨酸和蛋氨酸也容易遭到破坏。

（2）淡水鱼

主要有鲤、鲫、白鲢、花鲢、黑鱼、狗鱼、泥鳅等，这些鱼特别是鲤科鱼，多数含有硫胺素酶，可破坏维生素 B_1。所以对淡水鱼需要熟制，通过高温破坏其中的硫胺素酶，再进行饲喂。

（3）鱼副产品

鱼副产品包括鱼头、鱼骨架、内脏及其他下脚料，可以用作水貂饲料。新鲜的骨架可以生喂，繁殖期饲喂量不能超过动物性饲料的 20%，幼龄水貂冬毛期和生长期可增至 40%，动物性饲料的其他部分应尽量选择质量较好的海杂鱼，否则会引起水貂营养不良。

82 鸡肝可以用来饲喂水貂吗？适宜饲喂量是多少？

肝脏是理想的全价肉类饲料，鸡肝中的蛋白质含量约为19.4%、脂肪5%。鸡肝中必需氨基酸含量非常丰富，尤其含硫氨基酸（蛋氨酸＋胱氨酸）超过0.5%，还含有多种维生素（维生素A、维生素D含量较高）和微量元素（Fe、Cu等）。新鲜肝脏（摘除胆囊）宜生喂，可占动物性饲料的10%～15%，育成期占15%～25%。肝脏中无机盐含量较高，饲喂量要适宜，若过度使用，能引起水貂腹泻、消化不良。

83 鸡架可以用来饲喂水貂吗？

鸡架是鸡产品加工的副产品，是水貂养殖生产中的常用动物性饲料。蛋白质含量一般为20%～30%，脂肪含量为10%～15%，钙、磷等矿物质含量较多，且钙、磷比例适宜（2∶1），用量一般占动物性饲料的50%以上。使用海杂鱼和鸡架搭配，可改善水貂饲料的氨基酸平衡状况，降低饲料成本，调节钙、磷比例，满足水貂对钙、磷的需要。但鸡架中的灰分含量较高，一般每只成年水貂的供给量以40～50克为宜。鸡架饲喂量过高，会引起水貂蛋白质、脂肪消化率降低；在繁殖期和换毛长绒期，会造成日粮中蛋白质不足，毛绒品质低劣、易折断。导致繁殖期公貂精液品质下降，母貂胚胎发育不良，泌乳量不足。

84 鸡头可以用来饲喂水貂吗？

鸡头的粗蛋白仅次于鸡肝和鸭肝，而且氨基酸的组成比较平衡，赖氨酸、精氨酸含量比较丰富，因此可以提高母貂的泌乳力。鸡头中还含有丰富的脑磷脂，在准备配种期内添加5%的鸡头可以促进性腺发育。但在繁殖期，为避免扰乱水貂的生殖性能，不宜使用鸡头，因为鸡头中可能含有激素。

85 毛蛋可以用来饲喂水貂吗？

毛蛋即孵化后期不能出雏的死胚蛋。鸡蛋本身含有丰富的营养物质，但在孵化过程中受到温度、湿度影响，沙门氏菌感染和寄生虫感染等，胚胎停止发育，形成毛蛋。多数毛蛋的蛋壳已经破裂，很容易被细菌污染。一般毛蛋中均能检测出大肠杆菌、葡萄球菌、伤寒杆菌、变形杆菌等。

毛蛋作为蛋白质饲料是可以饲喂水貂的，但在饲喂过程中要注意以下几点：①由于毛蛋中含有大量的激素，因此妊娠期不宜饲喂，以免影响胎儿的正常发育；②选择毛蛋时要选择蛋壳较完整的，这样能够保证蛋质，避免受到细菌和病毒的感染，对水貂健康不利；③不可饲喂变质和存放时间过长的毛蛋；④毛蛋应充分蒸熟后饲喂，不但可提高蛋白质消化率，还可达到灭菌的目的。

86 鸡蛋为何要熟喂？适宜饲喂量是多少？

鸡蛋营养极为丰富，容易被消化和吸收。鸡蛋中蛋白质含量为13%左右，且含有水貂需要的多种必需氨基酸，可满足水貂蛋白质和氨基酸的需要。同时，鸡蛋脂肪含量较高，钙、磷及微量元素和维生素含量丰富，是一种营养平衡的饲料原料。但生鸡蛋中含有抗生物素蛋白，影响生物素的吸收；同时生鸡蛋易污染各种病原，因此鸡蛋应煮熟后饲喂。同时鸡蛋煮熟后蛋白质变性，可提高蛋白质消化率。

蛋类饲料应在繁殖期作为精补饲料利用，饲喂量每只每天10~20克，或者占动物性饲料的10%~20%。

87 水貂在妊娠期可以饲喂带卵的海杂鱼吗？

鱼卵蛋白质含量占干物质的80%左右，必需氨基酸含量高且比例适宜，含有部分必需脂肪酸、矿物质和维生素，是一种营养丰富的原料。带卵的海杂鱼营养丰富，基本不含激素成分，加之卵的比例较低，因此不必担心其对水貂的繁殖性能产生影响，生产中可按正常比例使用海杂鱼。

88 饲料中鸡肠的适宜添加量是多少？

鸡肠因其价格低廉，在水貂养殖生产中被广泛应用。但鸡肠营养价值很低，粗蛋白仅为12.62%，氨基酸总量不足10%，而且某些必需氨基酸如蛋氨酸、赖氨酸、精氨酸和胱氨酸含量均偏低。新鲜的鸡肠适口性较好，但鸡肠中常有病原存在，生产中有将鸡肠进行发酵处理，增加了鸡肠使用的安全性。肠的营养不全面，利用时可占日粮中动物性饲料的10%~15%。长期大量饲喂鸡肠，容易出现钙、磷比例失调引起的钙缺乏症，还会出现因含硫氨基酸缺乏引起的食毛症和自咬症，影响毛皮质量，所以在冬毛生长期应注意与其他优质动物性饲料搭配，同时注意含硫氨基酸的补充。

89 水貂采食鸡肠能否发生寄生虫病？

卫生条件差、病死鸡或者来源不明的鸡肠可能含有寄生虫及其他病原菌，生喂时可引起水貂的寄生虫病及其他疾病。所以，来源不清的鸡肠最好不要饲喂。

90 鸡肠中有激素吗？

鸡肠中可能含有胃肠道激素，如促胃液素、胰泌素、胆囊收缩素等，此类激素有助于鸡在活体时营养物质的消化吸收。鸡肠中存在的这些激素不会影响水貂的健康。鸡肠作为水貂饲料，关注的重点不是鸡肠中的激素，而是鸡肠中的病原和营养价值。

91 如果水貂饲料以鱼头和鱼排为主，还应搭配哪些饲料？

鱼类副产品以鱼头和鱼排利用较多，鱼头、鱼排蛋白质含量比全鱼低，骨骼多，矿物质含量高。水貂日粮中鱼头或鱼排的适宜比例占动物性饲料的30%左右，繁殖期不超过日粮中动物性饲料的20%，幼貂生长期和冬毛生长期可增加到40%。饲料搭配时，还应搭配一些新鲜鱼类、鸡架、鸡肝类饲料。

92 水貂饲料中可以添加一定量的羽毛粉吗？

羽毛粉中含粗蛋白质80%左右，含有丰富的含硫氨基酸——胱氨酸（占8.7%），同时含有大量的谷氨酸（10%）、丝氨酸（10.33%），这些氨基酸是毛绒生长所必需的。在春季和秋季脱换毛的前一个月日粮中加入一定量的羽毛粉（动物性饲料的1%～2%），连续饲喂3个月左右，可减少自咬病和食毛症的发生。生产中可采用水解羽毛粉或酶解羽毛粉，但用量不宜过多。

93 水貂可以饲喂乳及乳制品吗？

（1）鲜乳

鲜乳是水貂繁殖期和幼貂生长发育期的良好蛋白质饲料。在日粮中加入一定量的鲜乳有自然催乳和促进幼貂生长发育的作用。一般母貂饲喂鲜乳量为每天30～40克，或占日粮总量的20%，最多不超过每天60克。饲喂鲜乳时需将其加热到70～80℃，经过15分钟的消毒。凡是不经过消毒或酸败变质的乳类，禁止饲喂。

（2）脱脂乳

脱脂乳是提高日粮蛋白质生物学价值的强化饲料。一般含脂肪 $0.1\% \sim 1\%$，蛋白质 $3\% \sim 4\%$，对水貂生长有良好的作用。断奶仔貂每日可饲喂脱脂乳 $40 \sim 80$ 克，占日粮总量的 $20\% \sim 30\%$。

（3）发酵乳

发酵乳是动物乳经乳酸菌发酵工艺而制成的乳制品，是水貂良好的蛋白质饲料，但我国利用得较少，国外应用较多。发酵乳可替代动物性蛋白质 $30\% \sim 50\%$。

94 从哪些饲料原料中可以获取相应的维生素？

（1）维生素 A

维生素 A 来源于动物性饲料中的肝、肾、乳、鱼肝油和脂肪等。植物性饲料中不含有维生素 A，只含有维生素 A 原（胡萝卜素）。水貂缺乏将维生素 A 原转化为维生素 A 的能力。因此，必须直接从饲料中摄取维生素 A。

（2）维生素 D

维生素 D 在肝、鱼肝油、乳和蛋中含量很丰富。

（3）维生素 E

维生素 E 在新鲜脂肪、小麦芽、豆油、蛋黄、肝、牛马肉中含量较丰富。

（4）维生素 B_1

维生素 B_1（硫胺素）在酵母、肝、豆类中含量丰富。

（5）维生素 B_2

维生素 B_2（核黄素）在植物性饲料中分布很广，肝、心、肾、酵母、乳、麦芽及糠麸中含量比较丰富。

（6）维生素 PP

维生素 PP，也称尼克酸或烟酸。在肉、肝、肾、酵母、谷物、胡萝卜、菠菜中含量较多。

（7）维生素 B_6

维生素 B_6，谷物、糠麸、麦芽、酵母、肝、心、肾中含量较丰富。

（8）叶酸

叶酸在肝、肾、酵母、豆类、绿色植物中含量很丰富。

（9）维生素 B_{12}

维生素 B_{12}（钴胺素）在肝、肾、鱼、乳及酵母中含量较多，在植物性饲料中较缺乏。

（10）维生素 C

维生素 C（抗坏血酸）广泛存在于蔬菜和水果中。

95 取皮后的水貂胴体可以用于饲喂水貂吗？

不可以。水貂肉肉质细嫩，营养丰富，可作狐、貉等毛皮动物的饲料。但水貂的肌肉不能再饲喂水貂，以避免某些疾病的传播。

96 芹菜对母貂有催乳作用吗？

影响母貂泌乳力的因素很多，主要包括遗传、年龄、气温和饲料营养水平。实际生产中，影响母貂泌乳的主要因素为饲料种类和营养水平。哺乳期母貂日粮应为易消化、优质的动物性饲料，且营养全价，才能保障母貂的泌乳力。单纯依靠某种原料如芹菜等催乳，缺乏科学性。

97 水貂日粮中添加食醋能否预防结石？

尿结石是在肾脏、膀胱及尿道内出现的矿物质盐类沉淀。水貂的尿结石，多发于断乳后、发育较好、出生日龄比较早的幼龄水貂，公貂多于母貂。有的水貂在饲喂过程中，在日粮中长期超比例给予麸皮或谷物类饲料，特别是不按比例加入或超量加入矿物质添加剂，从而形成高钙血症和高钙尿症，容易引发尿结石。为预防尿结石的形成，从 4 月份开始到取皮可按饲料量的 0.8% 添加 75% 磷酸溶液（或 0.2% 氯化铵），使日粮的酸碱度为 6.0。实践证明，在育成期水貂日粮中添加适量的食用醋，可有效地预防尿结石的发生。

98 **水貂日粮中添加氯化铵的作用是什么？**

氯化铵可降低水貂尿液 pH，从而预防尿结石。每天在水貂日粮中添加 0.35％氯化铵，尿液 pH 可从 6.7～6.9 降低到 6.0～6.2，但影响其生长，如果每 2 天添加 1 次，则对生长无影响；当把添加比例调整为 0.20％～0.25％时，尿液 pH 可从 6.7～6.9 降低到 6.4，且不影响育成期生长。经过多年实践探索，在日粮中添加 0.35％或 0.20％氯化铵，每周 3 次，或者每只每天添加 0.2～0.3 克氯化铵均可有效降低尿液 pH，进而预防尿结石的发生。

99 **育成期水貂是否需要在饲料中添加抗生素以预防肠道疾病？**

抗生素是一类由微生物发酵产生的具有抑制和杀灭其他微生物的代谢产物。抗生素的主要功能是抑制动物肠道中有害微生物的生长与繁殖，从而控制疾病发生和保持机体健康。一般情况下，育成期水貂日粮中不需要添加抗生素。

100 **饲喂变质饲料对水貂有什么危害？**

长时间饲喂变质的动物性饲料，特别是贮存过久的鱼可引起腹泻。鱼类多为不饱和脂肪酸，贮存过久或贮存温度偏高极易氧化而产生一些有害物质，如用其连续饲喂一段时间，便可导致水貂发生黄脂肪病而死亡。鱼类腐败后皆可产生组胺，引起水貂中毒。变质的牛、羊、猪及禽的肉类和下脚料能引起水貂肉毒梭菌感染，肉毒梭菌毒素中毒。长期饲喂霉变的玉米面、麦麸及花生饼等能引起水貂霉菌中毒。

饲料中毒具有群发性，而且采食量大的发病率高，症状明显。通常育成貂比老龄貂发病率高，公貂比母貂发病率高，先采食的比后采食的出现症状早，而且常伴随神经亢进、呕吐、麻痹、唾液分泌增多及腹泻等。

101 如何鉴别水貂饲料的新鲜度？

水貂的部分动物性饲料是以鲜、湿状态进行饲喂的，一旦这些饲料腐败变质，将会给动物的繁殖、生长造成很大的危害。因此，在饲养水貂的过程中，对所饲喂的饲料品质进行鉴定、检验是非常重要的。鉴别饲料品质的方法有很多，除感官鉴定之外，还有物理学、化学、细菌学和寄生虫鉴定等。

（1）感官鉴别法

感官鉴别法主要是通过人的感觉器官对新鲜饲料如鱼类、鸡架、鸭架、鸡肝等的颜色、气味和质地结构进行评价，判断原料的新鲜程度及是否适合于饲喂。一旦腐败变质、有异味或臭味等，均不能用作水貂饲料。

（2）化学指标评价

主要采用挥发性盐基氮、酸价、过氧化值等化学指标进行评价。

1）挥发性盐基氮（VBN） 鱼、肉中的 VBN 含量可反映鱼肉的新鲜度。一般 100 克鱼肉中 VBN 含量小于 15 毫克为新鲜级，25～35 毫克为次新鲜级。

2）酸价 新鲜鱼类脂肪中的游离脂肪酸少，酸价低；但贮藏中则上升（变质）。一般要求氢氧化钾含量不超过 5 毫克/克。

3）过氧化值（POV，毫摩尔/千克） 反映油脂氧化程度（新鲜度），国标用碘量法测定。一般 POV 小于 20 可放心使用。

（三）饲料加工

102 动物性饲料是生喂好还是熟喂好？

动物性饲料是水貂日粮的主要原料，品质一定要保证。品质新鲜的海杂鱼宜生喂；新鲜程度差的应熟喂。对淡水鱼建议采用熟喂。

新鲜的肉类精加工后可生喂，隔夜或不新鲜的肉必须熟喂，水貂的肌肉不能再喂给水貂，以避免感染某些疾病。总的原则是来源可靠，品质新鲜的肉类副产品宜生喂。

乳品和蛋类应熟喂，饲喂水貂的乳类应加热，经过消毒后进行饲喂；蛋类饲料是营养极为丰富的全价饲料，容易消化和吸收。因为生鸡蛋中含有抗生物素蛋白，具有破坏生物素的作用，所以鸡蛋不宜长期生喂，进行熟制非常有必要。将鸡蛋 91℃ 处理 5 分钟可将抗生物素蛋白变性。

103 **膨化谷物饲料在水貂中的应用效果怎样？**

膨化谷物主要包括膨化玉米和小麦，一般以膨化玉米用量较大。膨化饲料在挤压腔内膨化实际上是一个瞬时高温的过程。混合物处于高温（110～200℃）、高压（25～100 千克/厘米²）及高剪切力的环境中，通过连续混合、调质、升温增压、熟化、挤出模孔和骤然降压后形成一种膨松多孔的饲料。

通过膨化可以使谷物中的淀粉糊化，转变为熟淀粉（α-淀粉），有助于淀粉在水貂肠道内的消化吸收。同时膨化后可改善适口性，促进采食。因此，膨化谷物常用于水貂配合饲料中，应用效果好且稳定。

104 **如何评价膨化玉米质量？**

膨化玉米可使淀粉颗粒发生不可逆性变化，提高淀粉糊化度及蛋白质消化率，钝化抗营养因子及毒素的活性，改善风味，提高饲料利用率。膨化加工过程中，玉米发生复杂的理化变化。我国目前缺乏膨化玉米评价标准，企业的检测条件有限，因此容重多用于评价膨化玉米。根据终产品的容重，膨化玉米可分为三种。

（1）低膨化度产品

体积质量大于 0.5 千克/升。一般采用低温膨化，80～120℃，成品水分较高。糊化度 60%～80%。不适用于水貂。

（2）中等膨化度产品

体积质量 0.3～0.5 千克/升。膨化温度 100～150℃，成品水分8%～10%，糊化度90%以上。适用于水貂。

（3）高膨化度产品

体积质量0.1～0.3千克/升。膨化温度140～170℃，成品水分4%～8%，糊化度100%。一般采用干法膨化，用于复合磷脂粉中载体，及铸造工业、涂料工业，不适用于水貂。

由于上述体积质量的分类方法不够规范，并不能准确反应膨化玉米的内在品质，而膨化玉米的各项指标都对膨化玉米的评价具有重要的影响。

105 水貂生产常见的配合饲料种类有哪些？

狭义的配合饲料仅指全价配合饲料。广义的配合饲料是指根据日粮配合设计要求，按照一定的工艺流程包括粉碎、配料、混合、有时经过制粒等成形过程，将多种饲料加工而成的均匀的混合产品即为配合饲料。水貂生产中常见的配合饲料可分为全价配合饲料、基础饲料和添加剂预混料。

（1）全价配合饲料

1）鲜配合饲料　指根据水貂的营养需要，将各种新鲜原料按照一定比例混合，经过一定的工艺加工而成的饲料产品。饲料原料主要包括鲜杂鱼、畜禽屠宰副产品、肉类、蛋类、鱼粉、膨化玉米、膨化大豆、发酵饲料，以及各种饲料添加剂等，按照一定比例均质混合而成。鲜配合饲料种类主要包括饲料生产企业生产的专业化产品和水貂养殖场自配料。

由饲料厂生产的鲜配合饲料，专业化水平高；饲料原料新鲜度高，适口性好；不用食盘，便于采食，饲喂方便；配方设计水平较高，营养平衡，利用率高；加工设备先进，加工工艺科学合理，加工质量高；原料和产品成分由化验室检测，质量可控。但其缺点和局限性也非常明显：主要包括对原料的新鲜度要求高，卫生质量较难控制，尤其是夏季高温季节；产品保鲜要求高，需每日配送，冷链运输，成本高，只适合于近距离推广。

水貂养殖场自配料是各种类型的养殖场依据水貂的营养需求，

结合当地的饲料资源和营养特性，经过适当的加工工艺加工而成的饲料成品。这种饲料可以充分利用当地的饲料资源，降低养殖成本；可以保障饲料原料新鲜度，如鲜鱼、鸡鸭骨架等，适口性较好。但这种饲料产品的缺点也很明显：饲料原料种类较少，营养不平衡，自配料难以满足水貂的营养需求；饲料原料质量无法控制，中小型养殖场不具备对饲料营养成分和卫生指标的检测能力，因此难以控制原料质量和产品质量；饲料加工工艺简单，尤其是中小型养殖场设备破旧，加工质量难以保证。

2）干配合饲料　是根据水貂的营养需要和饲料原料营养特性，将多种饲料原料合理配比，按照一定的工艺流程加工而成的产品，按照形态不同可分为粉状配合饲料和颗粒配合饲料。颗粒配合饲料是在粉状配合饲料的基础上增加制粒工序（包括粉料调质、制粒、颗粒冷却、颗粒破碎、颗粒分级等工序）而形成的颗粒状产品。干配合饲料的原料主要包括干动物性饲料如鱼粉、肉骨粉、血粉等，采用的植物性原料需要膨化处理，再加入矿物质饲料和各种饲料添加剂。干配合饲料采用专业化配方设计，营养全价平衡，富含各种营养成分，可完全满足水貂的营养需求。干配合饲料克服了生鲜料夏季高温季节容易腐败变质、脂肪易氧化的缺点。

饲喂粉状配合饲料时，需按照一定比例加水浸泡、拌匀后饲喂。而颗粒配合饲料可直接饲喂，也可以加水浸泡后饲喂。与粉状配合饲料相比，颗粒配合饲料在制作过程中经过高温处理，可使植物性饲料中的抗营养因子失活，改善饲料的卫生质量，降低动物发病率，饲喂更方便。颗粒配合饲料的饲喂效果与鲜配合饲料相比，在营养物质消化率、皮张质量等方面无显著差异，但在水貂配种期、繁殖期和哺乳期饲喂可能会降低采食量，影响水貂的繁殖性能。

（2）基础饲料

基础饲料主要由膨化玉米、膨化大豆、膨化小麦、鱼粉、氨基酸、微量元素、维生素，以及其他各种饲料添加剂按一定比例混合而成。基础饲料的营养成分不完全，是一种饲料半成品，不能直接饲喂。饲喂时还需按一定比例加入鲜鱼、鸡肝、鸡架等鲜饲料，以及一定比例的水，所以也称全价鲜贴料。基础饲料一般占全价料的15%~25%。基础饲料为干粉料，便于运输和贮存。饲料厂可根据用户鲜饲料资源特点，拟定参考配方，便于用户使用。

（3）添加剂预混料

添加剂预混料指根据水貂营养需要，将一种或多种饲料添加剂与载体或稀释剂按一定比例配制的均匀混合物。属于饲料半成品，不能直接饲喂。根据其组成成分的不同，也可分为单一预混料和复合预混料。

1）单一品种预混料　指由同一类的多种饲料添加剂配制而成的均匀混合物。例如由多种维生素配制而成的维生素预混料，在这种预混料中只有维生素加载体或稀释剂。同样，由多种微量元素配制而成的则叫微量元素预混料。

2）复合预混料　是由不同种类的多种饲料添加剂配制而成的均匀混合物。这种添加剂预混料已配备水貂所需要的所有活性成分，具有综合的添加效果。它适用于生产全价配合饲料或基础料。

106 颗粒饲料可以饲喂水貂吗？

颗粒饲料具有营养全面、稳定性好、易消化吸收、便于贮存和运输、饲料原料质量稳定和不易变质等特点。与鲜配合饲粮饲喂水貂相比，颗粒饲料更安全卫生，可提高水貂生长前期、冬毛生长期的日增重。但在繁殖期，由于水貂喜食较稀、较细的饲料，颗粒料过于干燥，会致母貂采食量降低，养分摄入减少，影响胎儿生长发育；颗粒饲料饲喂哺乳期母貂也会减少其采食量，影响母貂的泌乳力和仔貂的生长发育。但育成期和冬毛期水貂饲喂颗粒饲料的效果较好。

107 水貂饲养过程中如何使用维生素添加剂？

维生素包括脂溶性维生素和水溶性维生素两大类，对水貂的生长发育、繁殖性能、毛皮质量具有重要作用。因此，各生物学时期的水貂日粮中均需要添加足够的维生素。目前，生产中常用的维生素添加剂主要包括以下几类。

（1）单项维生素添加剂

单项维生素添加剂包括维生素 A 添加剂、维生素 D 添加剂等。

（2）复合维生素添加剂

复合维生素添加剂包括复合多维、维生素添加剂预混料等。

（3）复合添加剂预混料

复合添加剂预混料包括微量元素、维生素、氨基酸、药物等多种成分。

在选择维生素添加剂产品时，建议选用水貂专用的维生素添加剂，不要选用貂、狐、貉通用的产品；同时，养殖场最好选复合维生素或者复合添加剂预混料，使用比较方便。单项维生素添加剂主要适用于饲料厂配制复合维生素或添加剂预混料用。

108 使用专用预混料后，水貂日粮中还需要添加其他维生素吗？

正规饲料厂生产的水貂专用预混料，一般包括微量元素、维生素等，而且添加量已能满足水貂的营养需要，因此，用户没有必要再重复添加维生素等其他添加剂。而且应根据不同生理阶段的需求合理选用。

109 干粉配合饲料在水貂生产中的饲喂效果怎么样？

干粉配合饲料是根据水貂各生物学时期的营养需要，用多种干饲料按一定比例混合加工而成，营养成分均衡，生物学价值较高的一类饲料。这种饲料中各种营养成分齐全，比例合适，使用后能提高饲料利用率、降低饲料消耗。干粉配合饲料含水量低（12%以下），便于运输和储存，使用起来比较方便。干粉配合饲料的原料主要有进口鱼粉、血浆蛋白粉、肉骨粉、羽毛粉、膨化玉米、膨化小麦，以及多种饲料添加剂。可充分满足水貂营养需要、降低饲养成本、发挥水貂生产效能，达到优质、高效的目的。饲喂干粉配合饲料时应按照一定比例加水调制成糊状进行饲喂。哺乳期饲喂干配合饲料效果不如鲜配合饲料好。

110 如何控制水貂饲料的加工质量？

水貂配合饲料的加工工序及工艺对配合饲料的质量影响较大。加工设备落后，加工工序的工作质量达不到要求，加工工艺不合理，无法生产合格的配合饲料产品。因此，应采用科学合理的加工工序和工艺，提高配合饲料的加工质量，改善饲料利用率。

（1）粉碎（绞碎）

主要控制绞肉机绞碎后肉泥的细度。绞碎粒度过大影响水貂对养分的消化吸收。一般先绞动物性饲料，后谷物类植物性饲料，最后绞蔬菜类植物性饲料。

（2）混合

主要控制各种原料的混合均匀度，一般采用卧式混合机，物料混合后的变异系数要求在10％以下。主要物料的添加顺序，一般先添加鲜饲料，再加干饲料。

（3）熟化

对部分饲料要进行熟化处理，如蛋类、奶类。熟化后可提高消化率。

（4）膨化

玉米、小麦、大豆等植物性饲料需进行膨化处理，以破坏其中的抗营养因子，使淀粉糊化，蛋白质变性，提高养分消化率。

（5）饲料加工室

要求整洁，温度较低，湿度控制在65％以下。饲料加工完成后，要对整个加工生产线进行清洗，防止残留饲料的腐败变质，影响下一次的饲料加工，夏季尤其要注意。加工机械、器具清洗后检查是否正常，注意及时通风和水、电安全。

111 在生产鲜配合饲料时，冷冻饲料需要提前解冻吗？

不需要提前解冻，应打破原有饲料加工过程中一些陈旧的方法和理念，更科学、合理地进行饲料加工。目前，水貂饲料加工厂在饲料加工调制过程中，冷冻饲料利用破冰机（图5-1）破冰直接低温加工，避免解冻过程中微生物滋生。

图5-1　冷冻饲料破冰、传送和绞碎一体

112 水貂鲜饲料中的含水量对营养物质吸收有影响吗？

水貂鲜饲料中的含水量越高，则干物质含量越少，导致水貂采食的干物质总量不能满足需要，因而能量和蛋白质等营养物质难以满足需要，易导致水貂采食量过大，营养物质消化吸收减少，腹围变粗，影响毛皮质量等级。因此，水貂鲜饲料原料和配合饲料中的水分含量不易过高，一般鲜配合饲料中适宜含水量为60%左右。

113 如何正确使用发酵饲料？

发酵饲料指在人工控制条件下，以微生物、复合酶为生物饲料发酵剂菌种，将植物性、动物性或矿物性物质中的抗营养因子分解或转化为微生物蛋白、生物活性小肽类、活性益生菌、复合酶制剂为一体的生物发酵饲料。饲料经过发酵处理后，营养水平及消化利用率得到显著提高，同时可以降解饲料原料中可能存在的毒素，减少抗生素等药物类添加剂的使用量，改善健康状况，不同程度地提高动物的生产性能。植物性饲料的发酵可以替代熟制过程。

114 如何正确使用基础饲料？

基础饲料的营养成分不完全，是一种饲料半成品，不能单独直接饲喂。饲喂时还需按一定比例加入鲜鱼、鸡肝、鸡架等鲜饲料和一定比例的水，即全价鲜配合饲料。基础饲料一般占全价配合饲料的 15%～25%，正规饲料厂会根据水貂不同阶段饲养特点，结合不同地区、不同品种制备水貂基础饲料产品，养殖户应根据具体需要进行选择使用。

六、水貂的饲养管理

115 为什么强调水貂的福利养殖？

国际裘皮协会已注册"OA"（Original Assurance）标签，向市场保证裘皮来源于动物福利保护地区，目前已在欧美及俄罗斯市场大力宣传。由此可见，动物福利保护问题将对我国裘皮进入国际裘皮市场产生越来越多的影响，动物福利已发展成一种国际趋势，在对外贸易中发挥着很大的作用。因此，欲从根本上解决我国原料皮不能直接进入国际市场的问题，就要树立动物福利养殖的观念，充分理解动物福利概念，建立行业标准，并在整个动物养殖过程中予以贯彻落实，减少国际环保组织的干预和反对，营造出良好的外部环境与产业形象，以促进产品的出口和产业的可持续发展。

116 水貂的生理阶段是如何划分的？

水貂生产时期与日照周期关系密切，依照日照周期变化而变化。水貂在短日照阶段主要的生理变化是脱夏毛换冬毛，冬毛生长和成熟，性器官生长发育至成熟并发情和交配。水貂在长日照阶段主要的生理变化是脱冬毛换夏毛，母貂妊娠和产仔哺乳，仔貂分窝、幼貂生长和种貂体况的恢复。

从秋分开始水貂进入准备配种期，光周期的变化规律是白昼逐渐缩短，黑夜逐渐延长。冬至以后至翌年 2 月为准备配种后期，其光周期变化规律是白昼逐渐延长，黑夜逐渐缩短。3 月初，当日照达到11 小时以上时，水貂发情求偶，进入配种期。约经半个月时间，配种结束，公貂进入恢复期，母貂进入妊娠期。4月底至5月初，母貂产仔，同时泌乳哺育仔貂，经40～50天，仔貂就可以分窝，进入育成期，母貂进入恢复期。9月下旬，即秋分以后，幼年貂和成年貂生殖器官逐渐发育，夏毛脱落，冬毛长出，进入第二年的繁殖周期（表6-1）。

表6-1　水貂生理时期的划分

性别	准备配种期	配种期	妊娠期	产仔哺乳期	幼年育成期		种貂恢复期
					生长期	冬毛期	
公貂	9月下旬至翌年2月下旬	2月下旬至3月中旬	—	—	6月上旬至9月中旬	9月下旬至12月下旬	3月下旬至9月下旬
母貂	9月下旬至翌年2月下旬	2月下旬至3月中旬	2月下旬至5月上旬	4月中旬至6月上旬	6月上旬至9月中旬	9月下旬至12月下旬	6月上至9月下旬

117 水貂一年中十二个月的饲养管理怎样安排？

一月养好种貂，保持中等体况。

二月平衡调整种貂体况，继续保持中等体况。

三月配种，选择最佳的配种方案，不失时机地抓好配种。

四月怀孕，做好产仔前的准备工作。

五月产仔，做好接生和产仔记录，注意母貂的泌乳情况。

六月哺乳，着重做好补饲工作和管理好幼貂。

七月断乳，分窝又分笼，注意料足加饮水。

八月育成，防病防中暑，加强卫生最重要。

九月注意夏毛换冬毛，适当配料精细管理，争取早日换冬毛。

十月育成，做好准备取激素皮。

十一月选种，以毛皮质量为依据，把窝产多、成活率高、生长发育好的貂留作种用。

十二月取皮（正季节皮），保证皮张质量。

一月再养貂，这样周而复始循环饲养。

（一）准备配种期和配种期水貂的饲养管理

118 水貂准备配种期指哪段时间？

水貂的准备配种期，指9月下旬至翌年2月底的这段时间。准备配种期的饲养，分为准备配种前期、中期和后期3个阶段。前期指9—10月，中期指11—12月，后期指翌年1—2月。准备配种期饲养的目的都是一致的，就是要通过准备期6个月的饲养，公母貂都具有中等肥度的健壮体况。到配种期，母貂有明显的发情表现，愿意接受公貂的爬胯；公貂有旺盛的性欲，能按时开始配种，按时完成配种任务，达到全配全孕的目的。

119 准备配种期饲养管理的目标是什么？

准备配种期时间近半年之久，饲养管理主要任务是促进种貂冬毛迅速成熟和性器官发育，调整好种貂体况，为繁殖奠定良好的基础。种貂性器官从开始发育至发育成熟长达5个月的时间。

（1）饲养上要满足种貂的营养需要

日粮要求高蛋白质和较低能量水平，保证优质蛋白质饲料和维生素的补给，满足种貂冬毛成熟和性器官生长发育的营养需要。终选时要检查公貂睾丸发育情况和母貂外生殖器官，淘汰睾丸发育不良的公貂和外生殖器官畸形的母貂。

（2）调整到适宜的体况

体况调整分为两个阶段：秋分（9月22日）至冬至（12月22日），种貂体况应中等偏上；12月下旬至翌年2月下旬，种貂体况应下降至中等水平，母貂要中等略偏下，公貂中等略偏上。种貂的适宜体重指数［体重（克）/体长（厘米）］为31～34（短毛黑水貂）。

（3）保证适宜的光照

秋分至冬至期间，对种貂可降低光照强度，禁止一切人为照明。而冬至以后，可对种公貂增加适当的光照强度。

（4）加强对种公貂的异性刺激

配种前1～2周内，促进水貂群性兴奋。简便的方法是将母貂装入串笼内放在公貂笼的上方。

120 为什么要重视准备配种期饲养管理？

全年各生产时期均很重要，前一时期的管理失利，会对后一时期带来不利影响。任何一个时期的管理失误，都会给全年生产带来不可逆转的损失。性器官生长发育需较长时间，冬至后正是其迅速发育阶段，如果不重视准备配种期的饲养管理，等到临近配种期时才突击补饲，就会起不到应有的作用，导致繁殖失败。

121 如何落实准备配种期的管理工作？

准备配种期的管理工作较多，具体要通过"三查、三看、三比较"来落实准备配种期的各项工作。

（1）三查

一查公母貂留种比例是否妥当，标准貂为1：4，彩貂为1：3。多数生产单位公貂的实际饲养数量比理论值高1%。这项调整比例的工作应在取皮前结束。二查公母貂留种档案。留下的公母貂应查明谱系，看是否属于场里的核心貂群，对非核心群的貂除必要时留作种用外，应列入皮貂群，不留种用。这项工作也应在取皮前进行。三查公母貂饲养场地是否合乎光照需要。如发现有背阴、光照差的种貂，要将之移到光照理想的地方。选种后，需将全部种貂转移到东南边饲养。

（2）三看

一看体况肥瘦度。貂体的肥瘦度是饲养水貂的一项重要指标。实践证明，过瘦和过肥的水貂均表现出不理想的配种记录和不理想的产仔记录。理想的肥瘦度是在逗貂直立看腹部时，母貂无毛沟，鼠蹊部不见有丰厚脂肪存积，公貂可比母貂膘情稍高点，但不能走路蹒跚。二看外生殖器官。外生殖器官的检查，公貂主要看两只睾丸是否大小对称，包皮有无畸形；母貂主要在 2 月中下旬第一次发情时，检查其外生殖器官有无过高过低及其他畸形。三看有无疾病发生。要去除那些有传染病如阿留申病、犬瘟热及其他病史的水貂。对选种后出现严重的自咬貂，均不能留作种用。

（3）三比较

三比较指个体与个体的比较，群与群的比较，生产单位同生产单位的比较。在全场选择出标准群与标准貂，进行肥瘦度与活力的比较。把符合理想体况和活力好的貂评为 10 分、一般的貂评为 7 分或 8 分、差的记 5 分以下。而后根据评出的分数进行比较，对低分的貂应加强饲养管理。

122 为什么要平衡调整准备配种期的水貂体况？

在准备配种期特别是后期，公母貂的体况要求不胖不瘦中等肥瘦度的健康状况。公貂的肥瘦度可保持中等偏上，因为肥胖积脂会影响水貂性腺发育。母貂的繁殖力除受品种、营养、配种技术等因素影响外，配种前的体重直接影响到配种、受胎率、产仔数和产后仔貂的成活率。过肥过重的母貂，性情懒惰，喜卧小室，光照接受时间少，影响性腺发育，卵巢易被脂肪浸润，卵泡发育受阻，脂肪也可浸润到输卵管造成输卵管阻塞。因此，易出现发情紊乱，难配、失配多，空怀率高。即使受孕，也易造成胚胎吸收，有孕不产仔或产仔数少。即使产仔，也由于产程过长，母貂产后无力哺育仔貂；或由于垂体分泌机能减弱，乳腺发育不良，乳头干瘪，产后无乳或缺乳，造成仔貂成活率低。所以平衡水貂配种前的体况工作是全年生产的关键。

123 如何对配种期的水貂进行饲养管理？

配种期饲养管理的工作任务是准确进行母貂发情鉴定，确保发情母貂适时受配，保证交配质量，提高种公貂交配率、精液品质和母貂受胎率。

（1）准确进行母貂发情鉴定

采取外生殖器官目测检查、阴道细胞图像检测和放对试情相结合的方法准确进行母貂发情鉴定。以目测外生殖器官变化为主，以阴道细胞图像检测为辅，以放对试情为准，准确把握种母貂的交配时机。外生殖器官肿胀外翻至最大，刚开始萎缩时是交配良机。阴道细胞图像检查以大量角化细胞出现为最适交配期。放对试情以母貂较温顺接受公貂爬胯为宜。

（2）准确观察种貂交配行为，确保交配质量

认真观察公、母貂的交配行为，确认母貂真受配、假受配或误配。交配时间短不易确认时，应佐以显微镜检查精子来确认。对确认假受配或误配的母貂，应尽快更换公貂进行有效补配。正常饲养条件下，母貂受配率应不低于95%。真配时公貂后躯弯曲呈弓形，紧贴于母貂后臀部，母貂移动或翻滚时亦不离开。继而可见到公貂特有的射精动作，公貂射精时有节奏地用力拥抱母貂，后肢摩抚母貂后躯，尾根有节奏地用力下压，母貂伴有嘎嘎的低吟声。母貂受配刚结束时阴门充血潮红。假配时母貂移动或翻滚时，公貂即把后躯伸开，看不到射精动作。

（3）及时进行精液品质检查

配种开始后必须对公貂进行精液品质检查，严格淘汰精液品质不良的不育公貂。配种初期经3次连续检查确认精液品质不良的公貂，应立即淘汰，并对其交配过的母貂更换精液品质好的公貂及时补配。检查中发现种群精液品质普遍下降时，要及时查明原因，加强饲养管理，补饲奶、蛋、肝等优质蛋白质饲料。

（4）合理利用种公貂，确保其精液品质

尽量减少公貂的交配频度，初配阶段每日交配1次；复配阶段原则上每日交配1次，特殊情况可每日交配2次。连续交配3～4日（次）时，必须休息1～2天。整个配种期内都要培训青年公貂学会配种，提高公貂利用率。正常饲养情况下公貂利用率应不低于90%。

（5）提高放对配种的效率，保证种公貂休息

事先做好次日种貂的选配计划，优先放对复配母貂，抓紧在清晨凉爽时间放对，提高工作效率，保证种公貂有充足时间休息。

（6）适时让母貂达成初、复配，确保交配准确

水貂配种期以 3 月 1 日左右开始较适宜，南北方地域性差异不大，最多相差 2～3 天。可采用连日或隔日连续复配和周期复配。连日或隔日连续复配方法省工、省力，可减少公貂交配次数，提高公貂精液品质，配种效果不低于传统的老方法。适时配种有助于提高母貂受胎率。

（7）监控种貂体况

配种期公貂体能消耗较大，体况易于急剧下降，应增喂优质饲料，可于中午单独补饲，或将优质饲料加入晚食饲喂。母貂体况在配种期间仍要保持配种前的中等水平，千万不要使母貂体况在配种期间急剧上升。

124 母貂配种前 10～15 天饲喂量应增加还是减少？

生产中，有些养殖场认为将母貂喂得胖一点好配种，这个观点不正确。体况过肥的母貂卵巢周围脂肪相对较多，会使母貂的性机能发生障碍，阻碍卵泡的发育；过多的脂肪还能压迫输卵管，阻碍卵子与精子结合，容易出现母貂产仔数低甚至导致母貂空怀。过肥的母貂容易出现泌乳力低等问题。母貂临近配种前的体重指数为 31～34 时（短毛黑水貂），繁殖率最高。母貂体况在配种期间仍要保持配种前的中等水平，千万不要使母貂体况在配种期间急剧上升。在鉴定体况后，应对过肥和过瘦水貂加以标记，并分别采取减肥与增肥的措施。

125 水貂放对配种时应注意什么？

①母貂发情不成熟的不放对。

②公貂不愿配的不放对。有的母貂发情虽好，但不愿接受这只公貂交配的不放对，要照顾个体的选择性，应另找公貂。

③公貂对母貂有敌对行为的，不是叼而是咬的不放对，防止咬伤延误配种。

④放对过程中，对那些凶狠的母貂，要将其放对到叼捕力强的公貂中去交配。

⑤放对到哪里，配种登记卡要跟到哪里，以防弄错配种记录。

⑥放对时，饲养人员不能离开配种场所，要随时注意配种的进展情况，对厮打的要及时将其拆开，配种成功的要及时记录好交配时间，交配完毕要立即把母貂送回原笼，防止意外事故发生。

⑦在放对过程中，发现有假死的母貂，要立即将其送回原笼让其休息苏醒。

⑧3月15日前（最好在3月12日前）要求所有的母貂都要放对配种一次，特别是对个别外观表现不明显的隐性发情母貂，都要进行试放，达成初配。

⑨注意跑貂。放对配种时很容易跑貂，注意各饲养组所养的水貂不要相互抓错。

⑩合理安排放对时间。放对时间选在 6：30—8：00 和 14：30—15：00 进行。如果在食后放对，以喂饲后半小时进行为好。中午一般不放对，保持貂场安静，以利于种群休息。

（二）妊娠期水貂的饲养管理

126 母貂的怀孕期从什么时间开始算？母貂的妊娠期是多长时间？

总体看，母貂怀孕期可以从3月20日左右开始算起，这是因为母貂大多数或绝大多数于这个时期结束配种。就个体看，母貂怀孕期是从母貂最后一次配种结束之日开始算起。母貂虽然在配种季节里，可以在2～3个发情周期里受配2～3次，每次交配都能排卵受精，但由于各期受精卵是同时着床，一次产仔，所以就母貂来说，怀孕期只能按最后一次配种结束日开始算起。

母貂最后一次交配结束后，即进入妊娠期。不同母貂的妊娠期差异很大，变动范围为 37～85 天，多数是 40～50 天，妊娠期平均为（47±2）天。这是由于水貂受精卵发育成胚泡后并不马上在子宫附植，即胚泡滞育。当光照进入长日照阶段，血浆中的孕酮含量开始增加，并累积到一定浓度后，胚泡滞育期结束，才进入真正的胎儿发育期。胚泡附植并迅速发育至胎儿成熟的阶段，通常为 30 天左右。

127 如何判断母貂是否怀孕？

鉴别母貂是否怀孕，可以从以下几方面来辨识。

①配种后怀孕早的母貂，食欲比配种前增加。

②行动举止比较稳重。

③换毛早。凡怀孕的母貂一般换毛都较早（脱冬毛换夏毛）。首先从眼圈、鼻端周围开始，自头至尾进行。

④怀孕后期的鉴别，主要是看腹围，并注意观察乳腺的发育情况和营巢性。怀孕貂的腹围日日增大，乳腺发育好，营巢性强，喜卧于小室，在好天气里经常仰卧于笼网中晒太阳，临产前自行拔去乳房四周的腹毛，呈现出明显的乳房。

128 妊娠期水貂的饲养管理要点是什么？

①随着胎儿的发育，日粮标准逐渐提高。

②整个怀孕期要保证供应新鲜饲料。禁止饲喂各种发霉、变质、酸败的饲料；禁止饲喂来源不明或因病扑杀的畜禽肉、内脏及其他副产品。

妊娠母貂对饲料品质的新鲜程度要求很严，品质失鲜的饲料容易引起母貂胃肠炎并影响胎儿发育，造成妊娠中止或流产。动物性饲料必须有可靠的来源，且经兽医卫生检疫确认为无疾病隐患和污染的饲料原料及其制品。含有激素类的动物产品，如通过激素化学去势或肥育的畜禽，带有甲状腺素的气管、性器官、胎盘等饲料；脂肪已出现氧化变质的饲料；含有毒素的鱼等动物性饲料；冷藏时间超过 3 个月的动物性饲料；失鲜的毛蛋类、酸败的奶类饲料；熟制不透、潮结、发霉、被真菌污染的谷物；腐烂、堆积发热或被农药等有害物质污染的蔬菜类饲料；过期变质的维生素类饲料等均不能用来饲喂妊娠母貂。

③保证供给全价的含脂肪低的动物性饲料，各种动物的肌肉、肝、心及乳类、蛋类和优质鱼类应占水貂日粮的 20%～30%。保证必需脂肪酸的供给，因必需脂肪酸只在植物油中含有，妊娠母貂日粮应少量添加植物油（每只每天 2～5 克）以满足必需脂肪酸的补给。

④保证供给充足的各种维生素和矿物质。维生素、矿物质、微量元素饲料，应按妊娠期营养需要保质、保量补给，特别是维生素 E 和 B 族维生素。注意保证维生素和矿物质在贮存、加工过程中勿受破坏。过期变质的添加剂饲料，不能饲喂妊娠母貂。非毛皮动物专用添加剂，如畜、禽用添加剂，不宜在水貂繁殖期使用。

⑤饲料种类要保持相对稳定，不要中途突然改变饲料的种类。注意饲料贮存、加工过程中不要沾染其他异味。

⑥饲料要有较好的适口性，保证母貂有旺盛的食欲。

⑦要视母貂个体妊娠状态和体况而分配饲料量，以保证妊娠母貂的适宜体况。妊娠前期保持中等体况，妊娠后期逐渐提高，在临产前达到中上等体况，但勿使体况过肥。

⑧妊娠母貂喜静厌惊，要确保安静的环境条件，避免突发噪声对妊娠母貂的不良应激。貂场要保持安静，谢绝参观，防止畜禽或其他动物进入貂场。防止拖拉机、汽车开进貂场或貂场附近，以免母貂因受惊而流产。

⑨每天保证清洁、充足的饮水。

⑩要经常注意观察母貂的食欲、粪便和行为表现。发现母貂食欲不好、便稀或表现异常，都要及时查出原因，采取措施。

⑪加强妊娠期母貂的卫生防疫工作。水貂妊娠期，正是春季各种疾病流行时期，应定期对笼舍、食具、饲料室等进行消毒和清洗，保持清洁卫生。

129 什么是空怀？造成水貂空怀的因素有哪些？

广义的空怀指受配母貂未产仔或流产，狭义的空怀指受配母貂未受孕或假孕。造成水貂空怀的因素包括营养、遗传、疾病和管理等方面。

（1）日粮中维生素、微量元素添加不平衡或缺乏

饲料中缺乏维生素 A、维生素 B_1、维生素 B_6、维生素 E 及钾、锌、碘、磷、钙等矿物质元素，可引起公貂睾丸萎缩，性欲下降；母貂则表现性周期紊乱，卵巢机能减退，卵泡发育迟缓，不排卵等不孕症状。

（2）种公貂的原因

有的公貂在交配过程中比较急躁，往往阴茎没插入阴道，使母貂失配造成母貂空怀。当年留种的小公貂对交配没有经验，也能造成母貂空怀；公貂体况过肥或过瘦都可导致公貂体质下降，性欲下降，精子成活率低，造成母貂空怀。

（3）母貂自身原因

体况过肥的母貂卵巢周围的脂肪相对较多，使母貂的性机能发生障碍，阻碍卵泡发育；过多的脂肪还会压迫输卵管，阻碍卵子与精子结合，导致母貂空怀。一些母貂有发情表现但拒绝交配，造成母貂空怀。实践经验表明，5 月下旬以后出生的母貂，不能留作种用。原因是这种母貂相对生长期短，性成熟晚。水貂的大群配种结束，公貂进入静止期时，小母貂才有发情表现，错过了最佳交配时期，容易造成母貂空怀。

（4）配种技术和疾病的原因

母貂出现排卵不应期的时间是初配后 4～7 天，在初配后 1～2 天或 8～10 天进行周期性复配效果较好。无规律交配、对难配的母貂没有采取很好的人工辅助措施、没有做好貂群疾病监控（如布鲁氏菌病、大肠杆菌病或阿留申病）均可引起母貂空怀。

130 如何提高母貂的受胎率？减少空怀？

影响母貂受胎率的因素包括多个方面，应针对这些因素采取相应措施，以提高母貂受胎率。

（1）加强选种

选择健康无病、发育良好、各项生产指标理想的水貂留作种用。公貂要求性欲旺盛，配种能力强，精液品质好；母貂要求性情温顺，母性强，无恶癖等。

（2）合理配合日粮

水貂日粮组成要符合水貂的食性和消化特点。水貂胃肠容积小，肠道短，消化快。对蛋白质、脂肪的消化能力强，对碳水化合物的消化能力差。对维生素合成力较差而需要量大，所以日粮配合必须以动物性饲料为主，辅以少量粮食和蔬菜。

（3）合理利用种公貂

对种公貂的使用要以"全面培养，重点选择，合理利用，防止劳累"为原则。不会配种的小公貂要与发情好的经产母貂放对，使其学会配种。

（4）控制公、母貂体况

水貂在配种前期要调整饲养管理措施，使种貂体况达到中等，以利于水貂生殖系统发育，避免过肥或过瘦。

（5）貂群结构合理

貂群的构成，应有一定比例的 2～3 岁貂。

（6）疾病的预防

水貂的留种要结合族谱，合理选择。尽量选择生产性能好的公、母貂留作种用。要根据水貂的生理特性积极做好疾病的预防接种工作，重视种群阿留申病的净化。

（7）适时配种

初配时间应安排在 2 月底至 3 月初，此时母貂的受胎率最高，胎平均产仔数也多。

（8）适当的配种方式

配种过程中，应采用复配方式。

（9）加强妊娠期饲养管理

加强妊娠期母貂的饲养管理是巩固配种成果的重要措施。首先要保证饲喂新鲜、优质、全价、含脂率低的饲料，一定禁喂发霉变质饲料，饲料成分要相对稳定。在管理上要经常注意观察母貂食欲、行为和粪便情况。发现异常，分析原因，及时纠正。笼舍和周围环境要保持卫生，及时清除窝箱里的粪便、湿草和残食，保持周围环境安静。

131 什么是流产？造成水貂流产的原因是什么？

流产指胚胎于妊娠中、晚期夭折，被母体排出体外的现象。胚胎早期死亡，或已见母貂有受孕现象后又消失，未见胚胎被母体排出体外被称为吸收。

（1）传染性流产

如沙门氏菌病、布鲁氏菌病、弓形虫病等都可引起流产。

（2）非传染性流产

如饲喂变质的鱼、肉及病死鸡的肉和内脏，饲料量不足，缺乏蛋白质、维生素等，以及外界环境不安静、不恰当的捕捉检查等造成的流产。

（3）药物性流产

在妊娠期间给予子宫收缩药、泻药、利尿药及激素类药物等引起的流产。

通常以饲料霉烂变质所引起的流产最常见。

132 什么是死胎？造成水貂死胎的原因是什么？

死胎指胎儿在妊娠过程中胎死腹中，娩出后不能呼吸。亦有胎儿过大或分娩过程过长，胎盘早期剥离，胎儿窒息死亡的现象。

据不完全统计，貂场平均受胎率为85%左右，约有3%是屡配不孕，7%是不知不觉化胎。水貂死胎有如下原因。

（1）细菌毒素和霉菌毒素中毒

条件性致病菌类中的大肠杆菌、多杀性巴氏杆菌、金黄色葡萄球菌可导致水貂腹泻，严重的可致孕貂流产。饲料中的霉菌毒素可致垂体功能紊乱，子宫收缩加强，导致水貂出现死胎或流产。

（2）人为饲喂抗生素

土霉素影响子宫的功能，对肝肾有害，可造成水貂 B 族维生素和维生素 K 的缺乏。实践证明，饲喂土霉素时，死胎率较高。

（3）激素损害

在配种后添加保胎药，干扰了母貂自身的激素分泌机能，导致内分泌紊乱，最终妊娠停止。

（4）日粮不平衡

矿物质或维生素缺乏，水貂易缺乏水溶性的 B 族维生素。

（5）管理不当

突然的惊吓刺激可以对母貂造成惊吓，致其乱窜乱碰，造成创伤致胎儿死亡。

133 水貂怀孕后期的保胎工作应注意哪些问题？

（1）保持环境安静

水貂经人工驯养后仍然保留着护窝特性，喜欢安静，稍有异常动静就易受到惊吓，在笼里乱撞，易造成死伤。

（2）保证充足的清洁饮水

随着气温的升高，妊娠期的水貂每日每只至少要供给饲粮的 2 倍水量，否则水貂会因口渴而烦躁不安，从而影响胎儿的正常代谢和生长。

（3）把握饲料量

水貂妊娠初期的饲料量基本保持配种期的水平，随着妊娠时间的增长，饲料量从 4 月开始应略有增加，使母貂始终保持中上等体况；但体重不要增加得太多、太快，防止母貂体况过肥，否则有流产的危险，也影响繁殖率。正常的妊娠母貂基本不剩食，喜仰卧晒太阳，粪便呈条状，换毛正常，饲喂 1 小时后，多数在笼里活动玩耍。

（4）每日仔细观察

仔细观察水貂采食、粪便、活动及精神状况，及时发现异常、及时调整。特别是早晨和晚上，一定要仔细观察，如果发现异常，应及时查找原因，排除干扰，预防流产事件发生。

（5）合理配合饲料

1）保证饲料新鲜　妊娠期水貂饲料要求新鲜，有利于母貂肠道的吸收和胎儿的生长发育。在调制加工中要严防霉变和腐败。特别是畜禽的副产品（动物的下脚料）必须新鲜，海杂鱼、鸡蛋、猪骨头、兔头和兔骨架等都要选用新鲜的。腐败变质的饲料、储藏时间长的小杂鱼、脂肪变性的畜禽下脚料、死亡原因不明的畜肉及骨头、难产死亡的母畜肉及含有性激素的畜禽副产品等，坚决不要饲喂，否则会造成不可估量的损失。

2）饲料营养搭配合理　要使胎儿生长健壮，应对饲料的营养进行合理搭配。一般要求动物性饲料搭配比例中精肉占 15% 左右、肉类副产品占 30% 左右、鱼类占 45% 左右、谷物类饲料占 10% 左右（仅供参考）。饲料搭配要使营养成分互补，有利于胎儿的生长和发育。

3）科学添加保胎药物　不要长时间饲喂黄体生成素和黄体酮等药物。如出现流产、死胎等现象，尽量避免使用抗生素类药物，尤其是禁用磺胺类药物。一旦出现疾病类问题，应及时与当地兽医联系解决问题，用药一定咨询专业人士。

134 母貂产仔前要做好哪些准备工作？

①做好小室的清理消毒工作，临产前 1 周将小室内的杂草、粪便、残食等污物清除干净，并用喷灯火焰或药物进行消毒。

②消毒后，添加干燥、清洁、质地柔软而又有韧性的干草或软刨木花，并按窝形将四角压紧，做出窝形。

③损坏的小室要对其进行修理，小室缝隙用牛皮纸或窗户纸糊好，使之保温。

④备好救护仔貂的药品和救护母、仔貂用的各种物品和器具。

⑤备好产仔期使用的各种记录本。

⑥备好产仔期母貂笼底铺设的第二层底网。

（三）产仔哺乳期水貂的饲养管理

135 母貂产仔泌乳期的生理特点是什么？

①母貂产仔前后生殖系统发生很大变化。临产前，骨盆韧带松弛，子宫颈松弛缩短，分泌物增加，阴道黏膜充血，阴门浮肿等，抵抗力下降。特别是产后母貂阴道处于开放状态，容易感染各种疾病，因此需要一个良好的饲养管理和卫生防疫条件。

②母貂临产前乳房膨大，并分泌初乳。

③母貂母性强，利于仔貂的迅速生长和发育。

④由于母貂母性强，对周围环境的变化十分敏感，警惕性高，因此需要一个十分安静的环境，以防母貂受到惊吓。

⑤母貂除维持本身的营养、保证自身健康外，还要为仔貂提供充足的乳汁，以保证仔貂的健康。因此，此期母貂营养需要高，食欲旺盛，日采食量大。需要饲养人员精心饲养护理母貂，通过加强母貂的饲养管理，达到提高仔貂成活率的目的。

136 如何促进哺乳期仔貂的生长？

影响仔貂成活率的因素主要是仔貂的健康状况（一般初生重低于6克的弱仔很难成活）、环境温度、母貂泌乳能力及母性等。因此，必须通过加强妊娠期的饲养管理、保证仔貂健康、提供温暖环境和加强对产仔母貂的护理等综合性技术措施，来提高仔貂成活率。

（1）加强选种

每年5—6月，要对水貂按繁殖力、泌乳力、母性等情况进行初选。如母貂的奶水不足，这个母貂的后代绝不能再作种用，否则就可能发生由于遗传因素所造成的产后无乳或少乳。另外，晚出生的留种水貂在产后发生无乳、少乳的现象要高于早出生的留种水貂。因此，不要把晚出生的水貂选育作种，更不要把每年5月以后产的仔貂留种。

（2）营养

在母貂的配种准备期、配种期、妊娠前中期，营养过好、喂食饲料量过高可导致体况过肥。母貂过肥的危害很多，除了导致产后无奶或奶水过少之外，还可能发生不发情、不好配种，流产、难产、产弱仔或产后食仔等现象；妊娠期、哺乳期饲料的营养不足或不平衡，也会造成产后的无乳或少乳现象；食物里的蛋白质、脂肪、碳水化合物、矿物质、维生素和微量元素不足或不平衡，也会引起无乳或少乳（磷、钙的不足或不平衡会立刻引起无乳或产乳中断）。

（3）胎次

头胎和5胎以上的母貂，产仔后的无乳和少乳现象发生率要高于2～4胎次的母貂。

（4）做好产仔准备工作

首先要加强妊娠期饲养管理（详见问题128），保证初生仔貂健康、有较强的生活力。其次要在4月中旬做好产箱的清理、消毒及垫草保温。小室消毒可用2％热碱水洗刷，也可用喷灯火焰消毒，保温用的垫草要清洁、干燥、柔软、不易碎，以山草、软杂草等为好。稻草也可以，但要捣得松软。麦秸硬而光滑又易折碎，不宜使用。垫草的使用量可根据当地气温灵活掌握。垫草除具有保温作用外，还有利于仔貂抱团和吸乳，絮草时要把草抖落成纵横交错的草铺，一铺铺絮在小室内，以防被母貂拽出，箱底部和四角的草要压实，中间留有空隙，以便母貂进一步整理做窝。垫草应在产仔前一次絮足，否则产后补加会惊扰母貂。

（5）产仔的检查与护理

昼夜值班，目的是及时发现母貂产仔。将落地冻僵的仔貂及时拣回，放在20～30℃温箱内或怀内温暖，待其恢复活力，发出尖叫声后送还母貂窝内。产仔母貂易口渴，要保证饮水充足。

产后检查是产仔保活的重要措施，采取听、看、检相结合的方法进行。①听：就是听仔貂叫声。②看：就是看母貂的采食泌乳及活动情况。若仔貂很少嘶叫，嘶叫声音短促洪亮，母貂食欲越来越好，乳头红润、饱满、母性强，则说明仔貂健康。③检：就是直接打开小室检查，先将母貂诱出或赶出室外，关闭小室门后检查。健康的仔貂在窝内抱成一团，浑身圆胖，身体温暖，拿在手中挣扎有力；反之为不健康。

第一次检查应在母貂排出的黑色粪便（说明掉胎衣）后及时进行，检查的主要目的是看仔貂是否健康和吃上奶。仔貂叫声正常，母貂母性好的，可不必频频检查。产仔 3～5 日以后可减少检查的次数，但也要密切注视母貂泌乳情况，遇有奶水不足或质量不佳时，也要随时采取代养措施。

（6）仔貂代养

遇有产仔过多、母乳不足或母性不强母貂不护理仔貂时，可将其仔貂另找有哺乳能力、母性强的"奶娘"代养。

（7）促进母貂泌乳

产仔母貂饲料中应增加奶、蛋类饲料，奶类来源不足时，用豆浆代替也可。泌乳期的饲料宜调制得稀一些。

（8）仔貂补饲

仔貂 20 日龄开始采食饲料，但这时仔貂还未睁眼，由母貂向小室内叼送饲料。如母貂不向小室内叼送饲料或叼送很少时，可人工向小室内投放饲料。尤其当产仔数多、母乳不足时，补饲有助于仔貂的生长发育。

（9）减少疾病发生

产后的所有疾病都会造成母貂无乳或少乳。产后惊吓所带来的刺激，可使动物内分泌失衡或因免疫力下降而患病。因此，产后保持安静非常重要。要密切注意水貂产后子宫内膜炎的发生。

产后的乳房炎是由内源和外源两种微生物感染所致。母貂产后身体机能虚弱，免疫力较差，内源微生物会大量繁殖，同时也可能感染外源有害微生物，造成乳房炎。另外，坚硬的垫草或没有维修的笼网也可刺破乳房造成感染，甚至引发败血症。

有些疾病可以通过母体传播给仔貂，仔貂出生就已患病，导致生长受阻，要给母貂及时注射疫苗。注意种群阿留申病的净化。

（10）保持安静卫生

产仔母貂喜静厌惊，过度惊恐会引起母貂弃仔或食仔，所以必须避免噪声刺激，谢绝参观。仔貂采食饲料后所排泄的粪尿，母貂已不再舔食，所以必须搞好以小室为主的环境卫生。

（11）及时分窝

仔貂30日龄以后，母仔关系疏远，仔貂间也开始激烈争食和咬斗，但此时母貂除回避和拒绝仔貂吮乳外，对仔貂还很关怀，遇有争斗时母貂会进行调停。仔貂40日龄以后，仔貂间、母仔间关系更加疏远，有时会出现仔貂间以强欺弱或仔貂欺凌母貂的现象，所以一般仔貂45日龄时就应断乳分窝。

137 母貂在什么时间产仔？水貂临产前有什么征兆？

母貂的产仔日期依个体的不同而有所差异，但不同地区的水貂产仔日期一般都是在4月下旬至5月下旬，历时1个月左右。特别是5月1日前后5天，是产仔旺期，这10日内的产仔占全部母貂产仔的70%以上。

妊娠母貂临产前1周左右开始拔掉乳房周围的毛，露出乳头。临产前2～3天，粪便由长条状变为短条状。临产时活动减少，不时发出"咕咕"的叫声，行动不安，有腹痛症状和营巢现象。产前1～2顿拒食。通常在夜间或清晨产仔。正常情况下，先产出仔貂的头部，产后母貂即咬断仔貂的脐带，吃掉胎盘，舔干仔貂身上的羊水。

138 母貂的产程有多长？

妊娠母貂的产仔过程一般要经历2～4小时，快者1～2小时，慢者6～8小时。超过8小时视为难产。产后2～4小时，母貂一般会排出油黑色的胎盘粪便。在生产实践中，人们经常以母貂是否排出胎便来判断其是否已产仔完毕。

139 如何判断水貂是否难产？水貂出现难产的原因有哪些？

难产母貂的分娩征候明显。初期食欲突然下降或拒食，精神不安，频频进出于小室，有时俯卧笼底，有腹痛表现。不时舔外阴部，常做假排便动作。阴唇松弛、湿润，有的阴道内流出淡红色液体或鲜血。乳房已增大，可挤出初乳，但经1～2天后仍不见产仔。或者在产出数只仔貂后，仍表现不安，不护理仔貂，继续出现分娩征候。当发现母貂鼻镜干燥，精神沉郁，感觉迟钝或后肢麻痹，阴道内流出污血，呼吸加快，体温增高，则已进入难产后期，常常出现死亡。

妊娠母貂运动量少；胎儿过大，造成体质弱，子宫收缩无力，产道狭窄，胎儿胎位发生异常，过早破水；妊娠母貂患病造成胎儿发育不均，死胎、木乃伊胎、胎儿畸形、死胎造成胎儿水肿等；饲料方面因素，维生素摄入量不足或盲目追求饲料品质而造成母体过于肥胖等，均可造成母貂难产。

140 对于难产的水貂应采取哪些措施？

对于由子宫收缩力弱影响产仔的，可注射催产素（垂体后叶素）0.2～0.5毫升。催产后2小时如果仍不产出仔貂，可再用催产素一次。仍不产出仔貂的可能是胎儿过大或产道狭窄的关系，应请兽医进行手术。通常产仔越慢，难产的可能性越大。

141 什么是弱胎或弱仔？

弱胎或弱仔指胎儿发育不良，初生重小于6克或因遗传、疾病等原因致使胎儿生命力降低，出生后生活力下降的初生仔貂。

142 什么是少乳或无乳？

少乳或无乳指母貂乳腺发育不良或其他原因（疾病、营养、体况、换毛、应激等）导致产后无乳汁分泌（无奶）或乳汁分泌不足

（少奶）的现象。

143 怎样识别仔貂有无吃奶能力和母貂是否有奶？

仔貂的鼻尖如蹭得发黑发亮，嘴巴里有吃奶时沾上的绒毛，即说明仔貂有吃奶能力。如腹部已饱满，叫声高亢，则说明已吃上奶或吃饱了奶。如腹部干瘪，叫声无力，则说明虽然仔貂有吃奶的能力，但并没有吃到或未吃饱奶，很可能是母貂缺奶或无奶所致。

144 妊娠期正常的母貂在产仔后出现采食量下降是什么原因？

产后1～3天，母貂食欲不佳，属正常情况，要保证日粮的适口性和日粮品质。随后母貂食欲好转，饲料要逐渐增加。如果母貂的食欲仍不好转，要注意检查母貂的健康状况，判断其有无疾病。妊娠期母貂日粮中可以添加益生素。

145 为什么要尽早让仔貂吃上初乳？

母貂分娩后3～5天所分泌的乳称为初乳，以后的称为常乳。初乳比常乳的营养丰富。仔貂摄食初乳有以下好处。

初乳内含有丰富的球蛋白和白蛋白，摄食初乳后，蛋白质能透过初生仔貂肠壁而被吸收入血，有利于迅速增加仔貂的血浆蛋白。初乳中含有白细胞及抗体、酶、维生素及溶菌素等。初生仔貂主要依赖初乳内丰富的抗体，增强自身抵抗疾病的能力。初乳中还含有较多无机盐，其中特别富含镁盐，镁盐有轻泻作用，能促使肠道排除胎便。由于初乳几乎包含仔貂生长所需要的全部营养物质，是别的物质不可替代的。因此，应尽快让其吃上初乳。未吃初乳的初生仔貂，一般难以成活。

146 怎样做好仔貂的寄养与代养？

水貂的产仔数量极不一致，胎产仔貂多的达10余只，少的只有 2~3 只。产仔多的母貂奶不够吃，产仔少的母貂奶吃不完。因此，貂场里都利用水貂产仔较集中的特点，对产仔时间不超过 2 天、仔貂个体大小相差不多的，采用代养仔貂的办法，把产仔多、奶水不够的仔貂，寄养给产仔少、奶水足、奶头有余的母貂。送出寄养的仔貂最好是体质较强壮的，在新的环境中有抢乳能力，把体弱一点的弱仔留给生母喂养。另外，产仔后的母貂得病干乳或发生意外死亡，也应该进行寄养。寄养前应该把寄养貂和生养貂混在一起，用母貂自己沾过的草擦一下仔貂的皮肤，让寄养貂和生养貂相互抱成一团后，再放于巢中寄养。也可把代养貂放于离窝近的通道口，让母貂自行衔入窝中饲养。及时寄养仔貂是提高仔貂成活率的有效措施，寄养工作宜早不宜迟。应密切关注母貂对寄养仔貂的态度。寄养成败的关键是选母性强、泌乳量多的母貂。

147 如何增加水貂的产仔数量？

①注重水貂的选种选配。

②掌握最适的配种时机和配种技术。

③采用合理的人工控光技术（详见问题 47），以缩短受精卵的滞育期。

④加强妊娠期水貂的保胎工作。

给水貂营造安全、安静和日照时间渐长的环境条件，勿用外源激素干扰其繁殖生理的正常规律，确保饲料品质。饲料要求新鲜、营养全价、适口性强、数量适当。妊娠后期营养适当增加，主要增加优质饲料。预防和及早治疗消化道、生殖系统疾病。供给充足洁净的饮水。

148 光照和天气会影响水貂的产仔数量吗？

在水貂繁殖期内做好控光可以缩短受精卵的滞育期，降低滞育期内受精卵被吸收的风险。天气对水貂产仔数的影响主要表现在气温影响准备配种期母貂的体况，在生产上应根据气温调整水貂的饲喂量。如果是暖冬，饲喂量应酌情减少，否则水貂会变胖；如果是寒冬，饲喂量应酌情增加，否则水貂体况偏瘦。中等体况对水貂产仔性能最佳，偏胖偏瘦对水貂产仔均不利。

149 仔貂出生后什么时期的死亡率最高？如何降低新生仔貂的死亡率？

断奶前仔貂死亡率 20%～30%。研究表明，仔貂死亡率高峰期主要发生于出生后 1～3 天内，占仔貂总死亡率的 50%，分娩后的 1～7 天仔貂死亡率占总死亡率的 60%～70%，分娩后的 8～14 天仔貂死亡率占总死亡率的 20%～30%，分娩后 15～28 天仔貂的死亡率占总死亡率的 10%～15%。

具体的死亡原因很复杂，包括营养因素、遗传因素、疾病因素以及管理因素等各个方面。由疾病因素引起的死亡占 10%～15%，非疾病因素引起的死亡占 85%～90%。其中，饿死（营养不良）和冻死（体温过低）成为仔貂死亡的主要原因，这是由于新生仔貂的机体生理功能都未发育成熟。研究表明，初生重与死亡率直接相关，1 天内死亡仔貂的平均体重为 9.3 克，而 1 天健康仔貂的体重为 10.9 克，这些低于平均体重的仔貂出生时生理机能未成熟而不能开始呼吸以及体质太弱而不能哺乳。产仔保活必须采取综合性技术措施，确保提供仔貂存活的必备条件，提高仔貂成活率，更重要的是降低仔貂 1 周龄的死亡率。

在实际生产中要建立完善的配种方案，严防近亲交配和品系差异，挑选健康充满活力的貂群配种，以生产出健康、生活力强、体重正常的初生仔貂。保证产仔箱的适宜温度，才能保证新生仔貂的吮乳能力和母貂的良好母性。仔貂出生时，产箱内保持 35℃时，仔貂生活力最强；20℃以上时，活力正常；低于 20℃，活力下降；12℃时，即假死，呈僵蛰状态。仔貂 3 周龄以后由于采食饲料和运动增强，产箱内温度宜凉爽，应采用结构合理的笼舍，避免仔貂过冷或过热死亡。保证环境安静，饲喂全价优良饲料，预防疾病的发生并加强母貂的饲养管理。

150 哺乳期母貂如何进行饲养管理？

母貂产仔泌乳期饲养管理的关键是促进母貂泌乳和仔貂生长发育。整个哺乳期间，必须密切注意母貂的身体情况和仔貂的生长发育状况，以便及时采取措施，确保仔貂正常生长发育。

哺乳期管理的重点是加强对产仔母貂的护理，因为仔貂是通过母貂来护理的，所以提高母貂的泌乳能力和为母貂创造适宜的哺乳环境条件是此期的重点工作。为了使母貂能分泌出足够多的乳汁，除了要增加各种营养成分的数量外，还要注重营养成分的种类和比例。在饲料原料种类上，可在日粮中补充适当数量的乳品，如牛奶、羊奶及奶粉等，还可喂些豆浆或蛋类饲料，以利催乳。此期饲料加工要精细，不要控制饲喂数量，实行自由采食。还应视窝中仔貂数量、日龄区别饲喂，仔貂多、日龄大时，要多给，让其自由采食。当仔貂已能采食或母乳不足时，要及时进行补饲。补饲的饲料为新鲜的动物性饲料细细地绞碎，加入少量的谷物饲料、乳品或蛋类饲料，调匀后饲喂。随着仔貂生长发育的加快，补饲的饲料量逐渐加大，并向育成期饲料过渡。仔貂采食后，母貂就不再为其清理粪便，窝箱内容易存积粪便和剩余饲料，必须及时清理。

151 母貂食仔的原因有哪些？

（1）母性差，有恶癖

一经发现应把仔貂立即捡出，找其他母貂代养。

（2）缺营养，少饲料

由于饲料中缺乏某种营养成分（如蛋白质）或供料量不足而引起，应给予充足的全价饲料。

（3）产仔多，乳不足

母貂带仔过多，乳汁又严重不足，当仔貂吃奶时，母貂疼痛，从而导致母貂咬伤和吃掉仔貂。应视母貂乳汁情况将仔貂代养出一部分，同时采取催乳措施。

（4）带仔少，乳过多

由于母貂带仔过少，而母乳又特别充足，造成胀奶，母貂疼痛难忍引起。可将别窝仔貂调入代养。

（5）受刺激，惹食仔

由于检查时不注意，使仔貂带有异味，或把掉到地上的仔貂错给了别的母貂而引起。

（6）环境差，不安宁

由检查过于频繁，来往人员过多，机动车辆或机器噪声而引起。

（7）分窝晚，母食仔

分窝过晚，也可能引起母食仔或仔貂之间互相咬斗。

（8）缺饮水，渴食仔

供水不足，母貂口渴也容易出现食仔。所以要供给充足的饮水。

152 母貂食仔通常发生在什么时期？应如何处理？

食仔现象可发生在产仔过程中、产后检查时、仔貂 15 日龄以后和母貂突然受惊后。不同时期发生食仔的原因不同，采取的措施不同。

（1）产仔过程中食仔

母貂产前 1～2 天食欲下降，活动增加，生产过程中活动频繁，仔貂出生后母貂立即舔破胎膜，舔干仔貂体表。如果母貂经过较长产程，体力消耗很大，需要大量清洁的饮水。如供水不及时，母貂口渴，会延长舔干仔貂体表的时间，这就很容易舔破仔貂皮肤。如果仔貂的皮肤被舔破出血，母貂就可能吃掉仔貂。

（2）产后检查时发现食仔

检查仔貂时，应先用清水洗净手，戴上手套，再用其窝内的垫草擦一下手，检查时要求快、轻、静、净。如无特殊情况，不要用手直接接触仔貂，以免母貂因有异味而咬死或吃掉仔貂。

（3）在仔貂15日龄后食仔

这种现象多发生于初产或多仔母貂，母貂产仔后采食量增加，如营养不能满足，将引起母貂体质下降，泌乳力也随之下降，而此时仔貂需要大量营养，仔貂频繁吃奶易引起母貂乳房炎，母貂因厌仔而发生咬死或吃仔现象。

（4）突然受惊后食仔

仔貂出生5日内，母貂相对喜欢安静。如果母貂受到惊吓，不知所措，就有可能咬死或吃掉仔貂。

153 母貂产仔后叼仔貂在笼中不安是什么原因？如何处理？

通常母貂受到惊吓时会发生叼仔貂的情况。一旦发生这种情况，应立即远离现场观察，一般经3～5分钟，母貂可自行解除惊恐、停止搬弄。如仍不停止，可将母貂驱入产箱内，把箱门用挡板关闭，稳定0.5～1小时母貂即可安静下来。千万不要对母貂采取粗暴行为，以免造成母貂食仔现象发生。

154 什么原因导致分窝前母貂咬食仔貂？

仔貂40日龄以后，仔貂间、母仔间关系疏远，存在仔貂间抢食、母仔间争食的情况，甚至出现母貂咬食仔貂的现象，应仔细观察，尽早分窝。

（四）育成期及冬毛生长期水貂的饲养管理

155 幼貂育成期指哪个时期？

幼貂育成期指仔貂分窝以后至体成熟（12月下旬）的一段时间，其中分窝至秋分（9月下旬）是幼貂快速增长期，所以又称幼貂生长期或育成前期；秋分至冬至是幼貂、种貂冬毛生长成熟的阶段，所以对皮貂而言又称冬毛生长期或育成后期。

156 育成期水貂体重变化规律是什么？

幼龄水貂生长速度很快，尤其在分窝后 2 个月生长发育速度最快。5 月龄前体重增长呈直线上升，5 月龄后生长速度减慢，6 月龄基本停止生长。育成期水貂体重变化曲线见图 6-1。

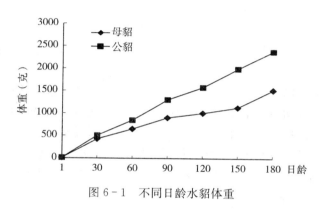

图 6-1　不同日龄水貂体重

157 促进育成期水貂生长的技术措施有哪些？

（1）分窝后幼貂宜群养或双养

刚分窝的幼貂胆怯惊恐，群养可减轻其孤独感，有利于迅速度过刚分窝时的不适应期。依据国外经验，整个育成期幼貂适于一笼双养，可增进食欲和健康，减少自咬、食毛症的发生。生产中，养殖场将断奶仔貂分公、母分别饲养。有的养殖场公貂为每笼 3 只，母貂为每笼 4 只。随着水貂日龄增加，继续分窝，取皮时，公貂单笼饲养，母貂则一笼双养。也有的养殖场公貂为每笼 2 只，母貂为每笼 3 只，直至取皮。

（2）适时接种疫苗

幼貂分窝后的第 3 周内，必须选用质量可靠的犬瘟热、病毒性肠炎疫苗接种，严防这两种传染病发生。犬瘟热疫苗皮下接种，肠炎疫苗肌内注射。一定要按此免疫程序要求分期分批给幼貂进行免疫接种。否则免疫注射时间早于2周，幼貂体内母源抗体会中和疫苗（抗原）使免疫效果降低；如免疫时间超过3周，幼貂体内母源抗体消失出现免疫空白期，则会感染发病。

　　动物的免疫应答与其健康状况直接相关。疫苗免疫接种期间要加强饲养管理，减少不良应激刺激，勿使用免疫颉颃药物（地塞米松等）。

　　（3）提高饲料稠度和喂量

　　刚分窝前1～2周内，仍饲喂哺乳期日粮，日粮中蛋白质、矿物质、维生素等营养物质要充足、品质新鲜、容易消化。日粮饲喂量逐渐增多，以便幼貂适应独立采食，防止出现消化不良现象和引发消化道疾病。分窝半个月以后逐渐换成育成期日粮，并提高日粮饲喂量，以幼貂吃饱而不剩余为原则。幼貂吃饱的标志是喂食后1小时左右饲料才能吃光，且消化和粪便情况无异常。饲喂时间应尽量在早、晚天气较凉爽时进行。幼貂育种前期（7—9月）正是催"大个"的关键阶段。不同月龄水貂干物质采食量见图6-2。

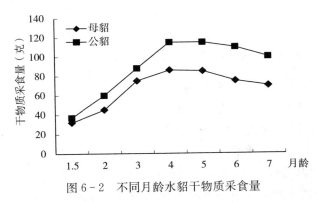

图6-2　不同月龄水貂干物质采食量

　　（4）加强卫生管理，预防疾病发生

　　幼貂育成期正值天气炎热时期，也是各种疾病的多发期。首先要加强饲养管理，提高幼貂的抗病力；其次要加强卫生管理，及时清理笼网、地面粪便，搞好环境卫生；最后要勤观察，及时发现患病幼貂，及早治疗。

（5）严防幼貂中暑

炎热夏季，尤其是闷热无风天气时，要严防幼貂发生中暑。预防措施包括向笼舍地面洒水降温，中午和午后经常驱赶熟睡的幼貂运动，张挂遮阳网防止阳光直射笼舍，喷雾降温等。要准确掌握食盐喂量，盐量增多又缺乏饮水时，极易诱发幼貂中暑。

（6）秋分时节（9月下旬至10月上旬）种貂复选

秋分时节要抓住观毛选种的有利时机，在窝选（初选）的基础上，主要根据幼貂秋季换毛情况进行种貂复选。秋分后选留的种貂转入准备配种期饲养，而皮貂转入冬毛生长期饲养。淘汰的老种貂和幼貂可适时埋植褪黑激素以便提前取皮。秋分以后，将皮貂转入光照度较低的环境下饲养（如棚舍北侧或树荫下），这有利于皮貂育肥和提高毛皮质量。皮貂在保证冬毛正常生长发育的同时，宜育肥饲养，以期生产张幅较大的毛皮。要及时清理皮貂笼网上积存的粪便，以免沾污毛绒，遇有皮貂被毛脏污、缠结时，要及时进行活体梳毛。

158 分离后的育成貂为什么会发生咬死咬伤情况？

分窝时必须把个头相等和性别相同的放在一起。这样可防止大欺小、强欺弱。初分时将个头大的分出，小一点的可以和母貂放在一起，让母貂再带一段时间。8～10天后进行二次分窝。母貂可以4只饲养在一起，公貂可以3只饲养在一起。随着水貂的长大，水貂可继续分出。母貂可以再分出2只，保持每笼中有2只母貂，公貂最终为单笼饲养。仔貂分窝后，要注意貂群食欲情况，发现食量不足，要及时添加，避免食物不足引起的争斗。仔细观察貂群，对于好争斗抢食的仔貂可单笼饲养。

159 处于貂舍中间位置的育成貂是否需要补充人工光照？

处于貂舍中间位置的育成貂不需要补充人工光照。经过初选和复选意欲留为种用的育成貂可以放在朝阳一侧。

160 埋植褪黑激素对水貂有不良影响吗？

有调查发现，水貂出血性肺炎病例中，埋植激素的貂群发病死亡严重，而未埋植激素的貂群发病率较低或者发病后症状较轻。因此推断，使用褪黑激素后，水貂生长速度加快，但免疫系统的成熟可能落后于体成熟，从而影响水貂的抗病能力。

161 埋植褪黑激素的水貂何时成熟？

水貂冬毛的成熟一般是在11月中下旬至12月上旬。只要夏毛长出，无论是否发育成熟，人工给予秋分信号，随之逐渐缩短每日的光照时间，经80～90天，冬毛即可发育成熟，即埋植褪黑激素后80～90天毛皮成熟。

162 埋植褪黑激素的水貂饲养管理应注意的问题有哪些？

（1）褪黑激素埋植不宜过早

褪黑激素可以加速冬毛的生长，实现提前4～6周取皮（生产上，埋植褪黑激素之后60～75天取皮，极少数貂场达到85天），带来一定的经济效益。但在实际生产中，褪黑激素的作用被夸大了。为缩短饲养时间、节约成本，褪黑激素的埋植时间提前。有的养殖场最早的在仔貂分窝开始使用褪黑激素（6月10日前后），也有貂场选择分窝后15天埋植褪黑激素（6月底）。由于被毛生长时间较短，色泽不均匀，在加工成各类皮草后容易出现针毛脱落现象，导致这种激素皮收购价格更低，形成了恶性循环。

在北欧，褪黑激素的应用既不提倡也不禁止。在美国，褪黑激素埋植时间通常为7月初，经过100～110天于11月的第1周屠宰取皮，至少饲喂95天。因此，规范褪黑激素的埋植时间、饲养水平及取皮时间，提高毛皮质量才是毛皮产业健康发展的保证。

（2）适时提高营养水平

不仅应注重增加饲料中蛋白质的数量，更应该注重提高蛋白质的质量——氨基酸的平衡性。特别是一些与被毛质量密切相关的氨基酸（如蛋氨酸、胱氨酸、半胱氨酸等）的供应量更应该作为衡量的重点；同时，还要注意适当地提高脂肪酸的平衡性。由于埋植褪黑激素的水貂采食量急剧增加，当日粮中脂肪含量过高、质量较差时，水貂易患黄脂肪病，严重的可引起死亡。在生产中，有很多的养殖户，由于饲料的配比不科学，水貂经常出现掉毛、被毛不整齐、针毛绒毛长短不一、换毛时间太长、掉针、黑底绒、灰底绒、黑锅底、掉皮屑、皮肤裂口等被毛质量问题。

（3）适时取皮

由于使用褪黑激素之后，动物的生理活动发生变化，导致皮张早熟。因此，要注意多察看皮、毛的成熟情况。避免因取皮太晚，而出现掉毛、脱绒等现象，造成不必要的损失。埋植褪黑激素的水貂换毛期的絮草程序也要比正常情况下提前 30 天，以免形成缠结毛。

163 育成期水貂采食较多，但生长慢、消瘦是什么原因？

如果这种情况普遍存在，首先要检查饲料问题，可以在饲料中添加益生素；注意驱虫。如果这种现象是个体行为，可以进行阿留申病的检测。

164 如何保证水貂度过高温夏季？

（1）抓好防暑降温

为防烈日直射，可用草帘、席子等为貂舍遮阳，并打开笼箱上盖，使之通风凉爽，以防水貂中暑。

（2）抓好饲养管理

仔貂分窝 8～10 天时，因气温已经升高，此时应将窝箱垫草撤掉。饲喂方式调整为早晨 06：00 喂日粮的 30%。下午 15：00 喂日粮的 20%，晚上 19：30 喂日粮的 50%。这种饲喂方式，可防止饲料酸败，减少各种疾病的发生。

（3）抓好貂舍卫生

绞肉机、饲料搅拌机用后要清洗干净。饲料池一定要保持清洁，防止污染；饲喂的残食必须及时清理。一旦发现饲料变质，须立即倒掉；窝箱中及地面上的粪便应每日清扫 1 次；水貂喜欢玩水，笼里即使用自动饮水器，也要放置水盒，水盒里放足清水，供水貂嬉水、降温。注意水貂饲喂设备的消毒。

165 音乐对水貂养殖是否有益？

对声音的判别是很具有主观性的，播放"音乐"对水貂来说很可能就是一种噪声。但经常给水貂以一种声音刺激，可以减少突然间的噪声对水貂产生的不良影响。如果不需要对抗突然间的噪声，没有必要给水貂播放音乐，可以保持安静。如果想通过增加声音刺激增加水貂的活动，可以进行这样的尝试。

166 如何鉴定水貂毛皮的成熟情况？

取皮时间应因地理位置和饲养管理条件、种类、性别、年龄、健康状况的不同而有变化。各养殖场应根据当地气候条件和实际成熟情况，确定最佳取皮时间。水貂毛皮成熟的一般规律是：彩貂比纯色貂的毛皮成熟早；老貂比幼貂的毛皮成熟早；母貂比公貂毛皮成熟早；中等肥度的健康貂比过瘦或有病的水貂毛皮成熟早。毛皮成熟的标志如下。

①全身夏毛脱净，冬毛换齐，针毛光亮，绒毛厚密，当水貂弯转身躯时，可见明显的"裂缝"。

②全身毛峰平齐，尤其是头部，耳缘针毛长齐，且毛色一致，颈部、脊背毛峰无凹陷，全尾蓬松粗大。

③试剥时，皮肉易分离，皮板洁白，或仅在尾尖端、肢端才有青灰色。

④将毛吹开，活体皮板颜色除白色水貂外，应呈淡粉红色，而皮肤本身是洁白色，说明色素已集中于毛绒，即毛皮成熟。如皮板呈浅蓝色，而皮肤本身含有黑色素，证明毛皮不完全成熟。

熟练掌握水貂毛皮的成熟标志，做到适时取皮，这是提高水貂养殖经济效益的关键。

七、水貂皮初加工技术

167 水貂人道主义宰杀方法有哪些？

我国对于水貂合理的宰杀方法还没有明确规定，美国兽医学会（American Veterinary Medical Association，AVMA）列出了脊椎动物不允许采取的宰杀办法：体温过低或过高，溺水或离水，断颈，吸入一氧化二氮、环丙烷、乙醚、氯仿等麻醉剂，大剂量使用镇静剂、特定口服药物等。在国际上推荐使用的宰杀方法有3种。

（1）心脏注射空气法

需要两人协同操作，一人用双手保定好水貂，使其腹部向上；另一人用左手托住水貂胸背部，手指相捏，固定心脏，右手持注射器，在水貂心跳最明显处进针。如有血液回流，即可注入 5～10 毫升空气，水貂马上两腿强直，迅速死亡。此法省力，要求注射人员技术熟练。

（2）窒息法

可以用 CO 或 CO_2 致窒息死亡。将水貂放到串笼里，连同串笼层层垛在密闭箱内，采用 CO 或 CO_2 致窒息死亡法。拖拉机或饲喂机器的尾气中还有余热和污染物，因此在很多国家已经禁止使用。

（3）注射化学药剂

司可林是氯化琥珀胆碱，为横纹肌松弛药。给水貂肌内注射 1% 司可林 0.2 毫升，几分钟内即可使水貂无痛苦死亡，效果较好。

妥巴比钠腹腔内注射也是一种人道的水貂安乐死方法。

168 处死后的水貂尸体应如何保管？

宰杀后，水貂尸体应放在干净凉爽的地方，切忌堆放，以防因余热而引起脱毛。剥皮应在水貂尸体还有一定温度时进行。如来不及剥皮，应将尸体在-10～-1℃处保管。温度过高，皮板易被微生物和酶破坏；温度过低，则容易形成冻糠板，影响毛皮品质。

169 如何规范剥皮？

（1）规范挑裆

用锋利尖刀从一后肢掌底处下刀，沿股内侧长短毛分界线挑开皮肤至肛门前缘约3厘米处，再继续挑向另一后肢掌底处。沿尾腹部正中线从肛门后缘下刀挑开尾皮至尾的1/2处。将肛门周围所连接的皮肤挑开，留一小块三角形皮肤在肛门上。将前爪从腕关节处剪掉，或把此处皮肤环状切开。按国家标准规定，后裆开割不正的水貂皮，按自鼻尖至臀部最近点的垂直距离测量长度，反而会降低皮张尺码，因此要规范挑裆。开后裆时用刀的尖刃划透皮肤即可，没必要下刀太深，免得把臊腺划破弄得满屋腥臊的气味。

（2）抽尾骨

剥离尾的下刀处，用一手或剪刀柄固定尾皮，另一手将尾骨抽出，再将尾皮全部剪开至尾尖部。

（3）剥离后肢

用手撕剥后肢两侧皮肤至爪部，剪断母貂的尿生殖道和公貂的包皮囊。

（4）翻剥躯干部

将皮貂两后肢挂在铁钩上固定好，两手抓住后裆部毛皮，从后向前（或从上向下）筒状剥离皮筒至前肢处，并使皮板与前肢分离。

（5）翻剥颈、头部

继续翻剥皮板至颈、头部交界处，找到耳根处将耳割断，再继续前剥，将眼睑、嘴角割断，剥至鼻端时，再将鼻骨割断，使耳、鼻、嘴角完整地留在皮板上，注意勿将耳孔、眼孔割大。

皮板剥取后应立即刮油，如来不及马上刮油，应将皮板翻到内侧存放，以防油脂干燥，造成刮油困难。目前已有剥皮机械（图7-1）可以提高劳动效率。

图7-1　机械剥皮

170 如何正确刮油？

水貂皮剥成筒状后，要把剥离时附着在皮板上的脂肪和肌肉刮净，这项工作称为刮油。刮油既要求把脂肪去干净，又要求在用刀刮油时不伤害皮板。在刮油时，若因技术不熟练或粗心而在皮板上割开裂口，则将大大降低皮张的等级，必须尽量避免；若刮得过分，使皮板上露出毛根，甚至带出针毛，这种损伤会使干燥后的针毛脱落，造成缺针，同样会大大降低毛皮等级。刮油前一定要保持貂皮上脂肪不干燥，以免造成刮油时困难。

手动刮油的方法是把筒皮套在适宜的厚橡皮管上，用刀刮去脂肪和肌肉。刮油操作时，把前端适当固定，将鼻部挂在工作台的钉子上，然后从尾部和后肢开始向前刮。边刮边用锯末搓洗皮板和手指，以防止脂肪污染毛绒。刮油必须在剥制后短时间内完成。目前已有刮油机械（图7-2）实现机械刮油。

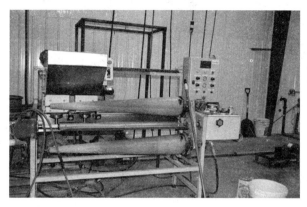

图7-2　机械刮油

171 *如何修剪和洗皮？*

用剪刀将头部刮至耳根的油脂、残肉和后裆部残存脂肪剪除干净，并将耳孔适当剪大（有利于皮张干燥），勿将皮板剪破，造成破洞。每张貂皮刮完油以后，要随时洗皮。洗皮是用类似小米粒大小的硬质锯末洗净皮板上和毛上所沾的油脂，先洗皮板上的浮油，然后将皮筒翻过来洗毛。洗皮用的锯末一律过筛，除去细粉状的锯末和灰尘。不能使用细锯末和麸皮洗皮，因为过细的锯末和麸皮会沾在绒毛内，不易去除。也不能使用带有油脂的锯末。洗皮的目的是要洗净皮板和毛被上的油脂，使毛绒洁净而达到应有的光泽。

现在大型养貂场是用机械洗皮，即使用洗皮滚筒（图7-3）和滚笼。洗皮滚筒用木板做成，呈扁圆形。滚笼类似滚筒，周围是用1.5厘米网眼的铁丝网包围。把水貂皮和锯末装在筒内，装皮数量多少，要根据滚筒的大小而定。用电动机带动滚筒、滚笼转动，转速为 20 转/分钟。把洗完的貂皮放入滚笼内，甩净锯末。

图 7-3 洗皮滚筒

172 如何正确上楦？

（1）正确选择楦板规格

上楦的目的是使鲜皮干燥后有符合商品皮要求的规格形状。楦板的规格是有严格要求的。公貂皮楦板全长 110 厘米，厚 1.1 厘米；由楦板尖起至 2 厘米处其宽为 3.6 厘米，由楦板尖起至 13 厘米处其宽为 5.8 厘米，由楦板尖起至 90 厘米处其宽度为 11.5 厘米。母貂皮楦板规格全长 90 厘米，厚 1 厘米；由楦板尖起至 2 厘米处其宽 2 厘米，由楦板尖起至 11 厘米处其宽 5 厘米，由楦板尖起至 71 厘米处其宽 7.2 厘米。

为使水貂皮上楦后通气良好，在楦板两面和两侧开有槽沟。公貂皮由楦板尖起至 13 厘米处在板面中间开一个宽为 0.5 厘米、长 71 厘米的透槽为中槽；在中槽两侧对称各开一条长为 84 厘米、宽为 2 厘米的半槽；距楦板尖 14 厘米处，从厚度中间开一条两侧对称、长 14 厘米和中槽相通的透槽。母貂皮由楦板尖起至 13 厘米处在板面中开一条长 60 厘米、宽 0.5 厘米的透槽为中槽；在中槽两侧对称各开一条长 70 厘米、宽 1.5 厘米的半槽；由楦板尖起至 13 厘米处的中间开一条宽 1.5 厘米的半槽，由楦板尖起在两侧厚度中央开一条小槽沟，距楦板尖 12 厘米处从厚度中间开一条两侧对称、长 13 厘米和中槽相通的透槽。国外进口的楦板是中空的，可增加透气性以利于干燥。

有些养殖户自制楦板时把宽度变窄 0.5～1 厘米，误认为一般人不易看出来，皮张能长出一些好多卖钱。这是一种投机取巧、弄虚作假的欺骗行为，行家面前肯定暴露，反而会占小便宜吃大亏。应按国家收购标准规定，按统一楦板上楦。也有人错误地认为上楦时用力拉抻皮板可以延伸皮板长度，事实上皮板过度拉伸会因毛绒空疏而降低等级。正确的做法是上柱时尾皮距上个尺码线不超过 3 厘米时，可将尾皮拉至这个位置，差得太多就不要过分拉抻。

（2）上楦要求

头部要上正，左右要对称，后裆部、背腹部皮缘要基本平齐，皮长不要过分拉抻，尾皮要平展并缩短。

上楦先用旧报纸以斜角形式缠在楦板上，把水貂皮套在带纸的楦板上，先拉两前腿调正，并把两前腿顺着腿筒翻入胸内侧，使露出的腿口和全身毛面平齐。在烘干条件较差或自然晾干的貂场，为了防止水貂腿在内侧不能及时干燥而造成闷皮脱毛，可以先将水貂皮两前腿板朝外，在 6～7 成干时再顺着腿筒翻入胸内侧。然后翻转楦板，使水貂皮背面向上，上正头部，拉两耳使头部尽量伸长，但不要拉水貂皮任何有效部位，最后拉臀部。如果和打尺板上的某一刻度接近，可以拉到这个刻度。用比臀部稍窄的硬纸片或细孔网状物的下一端与拉到一定刻度的臀部貂皮固定在尾根处。两手固定不动，用两拇指从尾根开始依次横拉尾的皮面，折成许多横的皱褶，直至尾尖。如此反复拉 2～3 次，以缩短尾皮长度为原长的 2/3 或 1/2，再把折成的许多小横褶放平，然后把纸板或细孔网状物翻下来压满尾上，用摁钉或钉书钉固定。要防止此处闷皮脱毛。

水貂皮背面上好后，翻为腹面向上，拉宽左右腿和腹侧，铺平在楦板上，使腹面和臀部边缘平齐，再拉宽两后腿，使两腿平直靠近。压网状物用钉固定，再把下唇折入里侧。上好楦后，准备烘干。

采取两次上楦时，方法与上述介绍的类似，注意拉长头部，但不要捋板皮。

173 如何正确干燥皮板？

毛朝外上楦，用吹风机干燥（图7-4）；也可用热源加温烘干干燥，但干燥温度应保持在25～28℃。不宜高温烘干，以防皮板受闷掉毛。当毛朝外上楦干燥的温度超过28℃时，毛皮表面干燥加快，却阻碍了皮板内部水分蒸发，不仅干得不快，还容易出现糟板、闷皮和脱毛的事故。

图7-4　皮板风机干燥

无论哪种干燥形式，待皮身基本干燥成型后，均应及时下楦。

174 什么是风晾？

风晾指下楦后的皮张放在常温室内晾至全干的过程。全干是指皮张的爪、唇、耳部均全部干透。风晾时，应把毛皮成把或成捆地悬在风干架上自然干燥。

175 *皮张如何正确整理贮存？*

（1）清洗毛绒

干透的毛皮要用转鼓、转笼洗皮 1 次，彻底去除污渍和尘土，遇有毛绒缠结情况，要小心把缠结部梳开。

（2）初验分类

按毛皮收购等级、尺码规格初验分类，把相同类别的皮张分在一起背对背、腹对腹地捆在一起或放入纸、木箱内暂存保管，每捆或每箱上加注标签、标明等级、性别、数量。

由于水貂在生长过程中受营养、饲养管理和健康因素的影响，所产皮张在长度、毛色、毛质及毛型等方面均有差异，因此鉴定水貂皮品质是极复杂而又细致的技术工作。

1）尺码 分尺码也称为量尺，即测量水貂皮的长度。为了计价方便，按标准规定的长度分出尺码。中国水貂皮收购按尺码标准区分见表 7-1。

表 7-1 水貂皮的尺码标准

尺码号	长度（厘米）	比差（%）	
		公貂	母貂
000	＞89	150	—
00	83～89	140	—
0	77～83	130	150
1	71～77	120	140
2	65～71	110	130
3	59～65	100	120
4	53～59	90	110
5	＜53	—	100

上述尺码的间隔均为 6 厘米为 1 档。测量时由工作人员在刻有

标准尺码的案板上操作，测量从皮的尾根至鼻尖的距离。如遇裆间皮，其长度就下不就上，如正好达到 65 厘米，这一张皮应为 3 号皮，而不能放到上一档中。

2）颜色　水貂皮的毛色包括标准色和彩色两大类。彩色皮在中国很少，不必分得太细。标准色水貂皮国内收购规格中有毛色比差的规定，分为褐色以上、褐色、褐色以下 3 大色型。为适应世界裘皮市场的需要，中国出口和拍卖的水貂皮，一般分为最最褐色（xx-DARK）、最褐色（x-DARK）、褐色（DARK）、中褐色（MEDIUM）、浅褐色（PALE）5 种，这是用比较法来区别的，即首先选取具有代表性色样皮标样，再行比较。比样深的为上一色，浅的则为下一色，如此按标样上上、下下反复比较定色。

3）等级　分等级就是鉴定毛绒质量，确定等级，主要取决于毛绒的品质。鉴定时，要依据毛绒的密度、针毛的覆盖力和弹性、针绒毛的比例及毛绒的光泽程度等 4 大要点，结合毛皮所带有的伤残缺点等因素，根据《生水貂皮检验方法》（GB/T 8134—2009）将水貂皮分为三级（表 7-2）。

表 7-2　水貂皮品质等级国家标准

级别	品质要求
一级皮	皮型完整、毛长绒足、细密灵活、色泽光润、皮板柔韧、无伤残，利用率≥90%
二级皮	皮型完整、毛绒略显空疏、色泽欠光润，利用率≥80%
三级皮	毛绒空疏、色泽灰暗或有严重伤残，利用率≥70%
等外皮	不符合一、二、三级品质要求的皮（如受闷脱毛、流针飞线、焦板皮、开片皮等）

4）色型和色头　为了提高水貂皮的利用价值，力求水貂皮的色型和底绒颜色一致，以提高竞争能力。出口参加拍卖的水貂皮，

在以上要求的基础上，还要分出长毛和短毛，它是根据针毛和绒毛的长短来区分的。最后还要根据绒毛的不同颜色再分为蓝头、青灰头、红头和杂头，分别以 1、2、3、4 为色型代号，并依次从好到劣排列出档次。

（3）妥善安全保管

应一丝不苟地按上述等级对水貂皮进行归类，然后按类包装。包装以 20 张水貂皮为 1 捆。如一类不足 20 张或余数不足 20 张时，也应作 1 捆。不同等级不能混为 1 捆。打捆时，水貂皮应背对背、腹对腹叠好，先用纸条在水貂皮头部缠好，然后在纸条上用绳系好。缚绳应松紧适宜。

把包捆好的水貂皮装入长度适宜的木箱内，决不能随便塞入麻袋等软的包装物内，以保证水貂皮能保持干燥后整齐美观的外形，符合水貂皮作为商品的要求。在包装和装箱时，都要清楚标明等级、尺码和皮张数。初加工的皮张原则上要求尽早销售处理，确需暂存贮藏时，要严防虫灾、火灾、水灾、鼠灾和盗灾发生。

176 毛皮分级有哪些原则？

①量皮指量鼻尖至尾根的长度。

②长度每档交叉时，就下不就上。

③上述各等级尺码规定系指统一楦板而言，若不符合统一楦板规格的规定，或母皮上公皮的楦板，公皮上母皮的楦板，一律降级处理。

④缺尾不超过 50%；腹部有垂直的白线宽度不超过 0.5 厘米；腹后裆秃针不超过 5 厘米²；皮身有少数分散白针；有孔洞 1 处，不超过 0.5 厘米²等，均不按缺点论。

⑤自咬伤和擦伤或小伤疤不超过 2 厘米²者；流针飞绒轻微者；有白毛峰集中 1 处，面积不超过 1 厘米²者，按乙级皮收购。严重者按等外皮处理。

⑥受闷脱毛、开片皮、白底绒、灰白绒、毛峰勾曲较重者，按

等外皮处理。

⑦开裆不正；缺后腿、缺鼻、撑拉过大，毛绒空疏；春季淘汰皮和非季节性死亡皮；刀伤皮洞；缠结毛等均酌情定级。

⑧彩貂皮应用此规格，但要求毛色符合本色型标准，不带老毛。颜色不纯，按标准貂皮规格收购。花貂皮一律按等外皮处理。

八、水貂场生物安全综合措施

177 养殖场常用的消毒方法有哪些？

（1）机械清除法

通过清扫、水冲、洗刷、粉刷等手段，直接减少病原体的方法。

（2）物理消毒法

利用阳光、紫外线、火焰及高温等手段杀灭病原体的方法。如用酒精喷灯烧笼子进行消毒。

（3）化学消毒法

利用各种化学消毒剂杀灭病原体，主要有浸泡、喷洒、喷雾、熏蒸等方法。如利用喷雾器将消毒剂喷出细小雾滴进行喷雾消毒（图8-1）。

图8-1 喷雾消毒

（4）生物消毒法

利用微生物发酵的方法杀灭病原体，主要针对粪便和垫料。如把粪便统一放到粪坑里，发酵后用作肥料。

178 养殖场主要针对哪些对象进行消毒？

消毒的主要对象是动物分泌物、排泄物（粪便、尿液）及被污染的场地，包括圈舍，周边环境，垫料，用具，饲养人员的衣物、鞋靴、生活环境，进出车辆等。

179 貂场如何进行消毒？

要想达到满意的消毒效果，就一定要按科学的程序进行。单独一次消毒通常都达不到满意的效果，水貂养殖场的环境及饲养设备或用具的消毒要按以下程序：清扫→清洗→干燥→消毒→清洗→干燥→再消毒→再清洗→再干燥。消毒过程中的顺序通常从高到低、从一侧到另一侧。除了平时注意预防消毒外，水貂一旦发病，也要注意发病时的消毒，当疫病平息后，还要进行一次彻底消毒。

（1）貂舍全面彻底消毒

先将粪便、垫料（草）等清扫干净。粪便等废弃物堆积压实发酵（最好在离场舍较远的干燥处，挖掘专用发酵坑密封消毒）。地面、貂笼、用具等，根据传染病的种类，选择适宜的消毒液如氯己定、戊二醛等进行彻底喷洒和清洗。

（2）水的消毒

将抗毒威、百毒杀等按比例加入水中消毒即可；也可用每1 000毫升饮水加氯胺0.5～1克或含25％有效氯的漂白粉2～4克。污水可在每立方米水中加6～10克漂白粉（具体视水的污染程度增减用量），6小时后可杀灭水中的病原体。

（3）车辆、工具的消毒

装运健康的水貂及产品的车运工具，应先进行机械清除再清洗，如果能用60～70℃热水冲洗，效果更好。装运过患传染病水貂的车辆、工具，除用1%～2%热烧碱溶液进行清洗消毒外，隔天再用水清洗。如污染严重，病情恶劣，应反复进行有效的消毒清洗。

（4）穿戴的工作服和帽的定期消毒

有疫情时更应注意工作服和鞋帽的清洁消毒工作，必要时每天更换，平时可用阳光照射消毒，也可经煮沸、84消毒液、紫外线照射或用福尔马林熏蒸消毒20分钟。不论在平时或疫病时，工作服都不准穿出生产区。无条件的也应参照上述消毒要求，勤换、勤洗衣裤，并进行消毒。

（5）工作人员的消毒

养殖场的工作人员，在进入生产区前要更换工作服和靴鞋，并在消毒池（图8-2）内进行消毒。有条件的养殖场，应在生产区入口设置消毒室，在消毒室内更换衣物，穿戴清洁消毒好的工作服、帽和靴经消毒池后进入生产区。工作服、工作靴和更衣室应定期洗刷消毒。工作人员在接触水貂之前必须洗手，应用消毒肥皂对手进行多次擦洗消毒；有疫情时，应在用药皂洗净后，将手浸于1:1 000的新洁尔灭溶液内3～5分钟，清水冲洗后擦干。

图8-2　消毒池

180 养殖场常用的化学消毒剂有哪些？

消毒药品种类繁多，按其性质可分为醇类、碘类、酸类、碱类、卤素类、酚类、氧化剂类、挥发性烷化剂类等。在购买消毒剂时，应选择高效、低毒的消毒剂。下面介绍几种常用消毒剂。

（1）戊二醛

戊二醛属高效消毒剂，具有广谱、高效、低毒、对金属腐蚀性小、受有机物影响小、稳定性好等特点。适用于医疗器械和耐湿忌热的精密仪器的消毒与灭菌。其灭菌浓度为2%，市售戊二醛主要有2%碱性戊二醛和2%强化酸性戊二醛2种。pH为7.5～8.5时，戊二醛的杀菌作用最强。受有机物的影响小，20%的有机物对杀菌效果影响不大。但戊二醛灭菌时间长，灭菌一般要达到10个小时；戊二醛有一定的毒性，可引起支气管炎及肺水肿。

（2）过氧乙酸

过氧乙酸又称为过氧醋酸，是杀菌效果较好的一种消毒剂。市售浓度为16%～20%。高效广谱，能杀灭细菌、真菌和病毒；可用于低温消毒；毒性低，合成工艺简单，价格低廉，便于推广应用。但过氧乙酸易挥发，不稳定，贮存过程中易分解，遇有机物、强碱、金属离子或加热分解更快；高浓度稳定，但浓度超过45%时，剧烈振荡或加热可引起爆炸；有腐蚀和漂白作用；有强烈酸味，对皮肤黏膜有明显的刺激。适用于耐腐蚀物品、环境、皮肤等的消毒与灭菌。

（3）含氯消毒剂

凡是能溶于水，产生次氯酸的消毒剂统称含氯消毒剂。它是一种古老的消毒剂，但至今仍然是一种优良的消毒剂。该消毒剂分为以氯胺类为主的有机氯和以次氯酸为主的无机氯。前者杀菌作用慢，但性能稳定；后者杀菌作用快速，但性能不稳定。

常见的剂型有液氯、漂白粉、漂白粉精、次氯酸钠、二氯异氰尿酸钠、三氯异氰尿酸、氯化磷酸三钠。其优点是广谱、作用迅速、杀菌效果可靠；毒性低；使用方便、价格低廉。缺点为不稳定、有效氯易丧失；对织物有漂白作用；有腐蚀性；易受有机物、pH等的影响。

（4）二氧化氯

二氧化氯是一种新型高效消毒剂，具有高效、广谱的杀菌作用。它不属于含氯消毒剂，实际上为过氧化物类消毒剂。目前国内已有多家在生产稳定性二氧化氯及二元包装的二氧化氯。二氧化氯杀菌谱广、快速无毒，使用安全；使用范围广泛，不仅可以作为灭菌剂，也可作为消毒、防腐剂和保鲜剂；进行饮水消毒时，不仅可杀死水中微生物，而且能杀灭原虫和藻类，具有提高水质和除臭的作用。消毒后不产生有害物质。缺点是有机物对该消毒剂有一定的影响；对碳钢、铝、不锈钢等手术器械有一定的腐蚀性；杀菌效果多受活化剂浓度和活化时间的影响。

（5）环氧乙烷

环氧乙烷为气体杀菌剂，杀菌谱广，杀菌力强，属高效灭菌剂。环氧乙烷在低温下为无色液体，沸点 10.8℃。在常温下为无色气体，易燃、易爆，空气中浓度达 3% 以上即有爆炸危险。环氧乙烷气体和液体都有杀菌作用，但一般作为气体消毒剂使用。灭菌时间相对较长；灭菌后物品有残余毒性，应通风换气后才能使用。

（6）臭氧

臭氧为目前已知的最强的氧化剂。臭氧在水中的溶解度较低（3%）。臭氧稳定性差，在常温下可自行分解为氧，所以臭氧不能瓶装贮备，只能现场生产，立即使用。臭氧是一种广谱杀菌剂。臭氧还可以除异味，净化环境，使空气清新。缺点是臭氧在水中分解快，消毒作用持续时间短，不能解决持续污染的问题。

（7）碘伏

碘伏是以表面活性剂为载体的不定型络合物，其中表面活性剂兼有助溶作用。该消毒剂中的碘在水中可逐渐释放，以保持较长时间的杀菌作用。所用表面活性剂，既能作为碘的载体，又有很好的溶解性，有阳离子、阴离子和非离子之分，但以非离子最好。主要优点为中效、速效、低毒、对皮肤无刺激、黄染较轻；易溶于水，兼有消毒、洗净两种作用；使用方便，可以消毒、脱碘一次完成。适用于皮肤、黏膜的消毒。缺点是受有机物影响大；对铝、铜、碳钢等二价金属有腐蚀性。

（8）洗必泰（氯己定）

洗必泰为双胍类化合物，因分子中含有苯环，也有人将之列入酚类消毒剂。该药属低效消毒剂。主要优点是杀菌速效，对皮肤无刺激，对金属无腐蚀性，性能稳定，抑菌效果特别强，抑菌浓度可低达 $10^{-6}\sim10^{-5}$。缺点是易受有机物的影响。可杀灭革兰氏阳性与革兰氏阴性的细菌繁殖体，但对结核杆菌，某些真菌以及细菌芽孢仅有抑制作用。可用于皮肤、黏膜创面及环境物体表面的消毒。使用时应注意勿与肥皂、洗衣粉等阴性离子表面活性剂混合使用。冲洗消毒时，若创面脓液过多，应延长冲洗时间。

（9）新洁尔灭

新洁尔灭属季铵盐类消毒剂，是一种阳离子表面活性剂，在消毒学分类上属低效消毒剂。主要优点是无难闻的刺激性气味；易溶于水；有表面活性作用；耐光耐热；性质较稳定，可以长期贮存。缺点是易受有机物的影响；吸附性强。新洁尔灭对化脓性细菌、肠道菌及部分病毒有一定的杀灭能力；对结核杆菌、真菌的杀灭效果不好；对细菌芽孢仅能起抑制作用。适用于皮肤、黏膜的消毒及细菌繁殖体污染的消毒。

新洁尔灭为低效消毒剂，易被微生物污染。外科洗手液必须是新鲜的。每次更换时，盛器必须进行灭菌处理。用于消毒其他物品的溶液，最好随用随配，放置时间一般不超过 3 天。使用次数较多，或发现溶液变黄、发浑及产生沉淀时，应随即更换。消毒物品或皮肤表面沾有拮抗物质时，应清洗后再消毒。不要与肥皂或其他阴离子洗涤剂同用，也不可与碘或过氧化物等消毒剂合用。配制水溶液时，应尽量避免产生泡沫，因泡沫中药物浓度比溶液中高，影响药物的均匀分布。因本药不能杀灭结核杆菌和细菌芽孢，所以不能作为灭菌剂使用，也不能作为无菌器械保存液。若对带有机物的物品消毒时，要加大消毒剂的浓度或延长作用时间。

181 常用消毒剂如何使用？

（1）漂白粉

常用于对水源、墙壁、地面、垃圾、粪便等的消毒，浓度为 $10\%\sim20\%$，密闭环境中使用效果较好。因化学性质不稳定，应现用现配。

（2）石灰

干粉常用作通道口的消毒，在箱或地面直接撒布，浓度20%的乳剂用于地面、垃圾的消毒。因其化学性质不稳定需现用现配。

（3）火碱（氢氧化钠）

除金属笼具外，均可用其3%～5%的热水溶液进行消毒，如果再加入5%的食盐，可增加对滤过性病毒和炭疽芽孢的杀伤力。

（4）高锰酸钾

常用其0.5%～1%的水溶液对饲料机具、水食具和某些饲料进行消毒。因其易于分解失效，故该现用现配。

（5）福尔马林（甲醛溶液）

常用其1%～2%的水溶液对笼舍、工具和排泄物消毒，其5%～10%的溶液可以用来固定保存动物标本。另外，福尔马林可用于消毒室蒸气消毒：筑建一密闭消毒室，将需要消毒的畜舍、笼具、工具、工作服等放入消毒室，使用福尔马林蒸气进行消毒，每立方米容积需福尔马林75～250克，从其沸腾开始保持40分钟至2.5小时。

（6）碳酸钠

可用其对饲料加工机具、水食具及窝箱进行消毒。其消毒力随溶液浓度、温度高低而不同，2%溶液62℃ 5分钟能杀死结核杆菌，5%溶液80℃ 10分钟能杀死炭疽芽孢。

（7）双氧水（过氧化氢）

常用3%过氧化氢水溶液对深部脓腔消毒。

（8）百毒杀

主要成分为溴化二甲基二癸基烃铵，无刺激性、腐蚀性、蓄积毒性，可杀灭细菌、病毒(有囊膜及无囊膜)、支原体、霉菌、藻类等致病微生物。其药效可达10～14天之久。可用于貂场各部分及器具的消毒。

（9）洗必泰

可以带貂消毒。

双氧水、百毒杀、聚维酮碘、洗必泰、高锰酸钾等可用于全场各部的日常消毒，可根据成本因素酌情选择消毒剂。

182 物理消毒在貂场如何应用？

（1）日光消毒

将消毒物品如笼舍、垫草、用具、衣物等，置于太阳光下照射，由于紫外线、可视光线和红外线的协同穿透作用，可使病原微生物体的蛋白质变性而死亡。如结核杆菌经 3～5 小时日光照射即被杀灭。

（2）紫外线消毒

通过紫外线使微生物遗传物质的活性丧失而达到消毒目的，主要用于饲料室、消毒间等。

（3）火焰消毒

对笼舍、金属器具、尸体等，均可用火焰进行消毒。此法简便，消毒彻底（包括寄生虫、虫卵等）。

（4）干热消毒

对玻璃器皿和金属工具，可用干热灭菌箱，保持 160℃ 2 小时可杀死病原体。

（5）煮沸消毒

对医疗器械和工作服等，可用水加入碳酸钠 1％ 或碳酸钾 0.5％，进行煮沸消毒。

（6）高压蒸汽消毒

对病料、敷料、手术用具及工作服等，将其置于高压灭菌器中，加压至 147 千帕，保持 30 分钟。

183 对貂场各部分消毒时，如何选择消毒剂？

（1）饲料室、储物室

选择紫外灯、高锰酸钾、漂白粉是较为合适的。漂白粉使用时关紧门窗或密闭效果较好。

（2）笼舍

双氧水、过氧乙酸、洗必泰、百毒杀、聚维酮碘都是可以带貂消毒的药剂，火焰消毒主要用于空笼舍的彻底消毒。

（3）貂场地面

石灰、火碱（氢氧化钠）是较为廉价、实用的消毒剂。

（4）貂场衣物

除正常消毒剂外，选择煮沸或蒸汽灭菌不仅效果较好外，对棉质衣物还有软化作用，可使穿着更舒适。

（5）外来人员

有条件的貂场会选择修建消毒室，对外来人员在进入貂棚之前进行消毒，一般选用紫外灯、漂白粉、百毒杀等，在消毒室待5～15分钟。

（6）伤口消毒

人的擦伤、被貂咬伤及貂的咬伤等，常选用碘酊、碘甘油、酒精、双氧水、聚维酮碘等消毒。除特殊伤口可直接往伤口倒少许消毒液，否则不可以将消毒液直接倒在伤口上。

184 影响消毒效果的因素有哪些？

（1）消毒剂选择

一般病毒对碱、甲醛较敏感，而对酚类抵抗力强。大多数消毒剂对细菌有很好的杀灭作用，但对形成芽孢的杆菌和病毒作用却很小，而且病原体对不同消毒剂的敏感性不同，因此，在选用消毒剂应针对消毒对象，有的放矢，正确选择。

（2）消毒剂浓度

使用消毒剂前应仔细阅读说明书，根据不同对象和目的，按其消毒效果最佳的浓度配制。

（3）消毒时间

不同病原体对不同消毒剂敏感程度不一样，对杀灭病原体所需的时间也不同，一般要求至少保持20分钟才可冲洗。

（4）温度和湿度

消毒效果与温度有关，一般温度越高，效果越好。熏蒸等消毒方式，对湿度也有要求，相对湿度保持在65%～75%比较好。

185 使用消毒剂时应注意哪些问题？

作为一个理想的化学消毒剂，应杀菌谱广、使用有效浓度低、杀菌作用速度快、性能稳定、易溶于水、可在低温下使用、不易受各种物理化学因素影响、对物品无腐蚀性、无臭无味，无色、毒性低（消毒后无残留毒害）、使用安全、价格低廉、运输方便、可大量生产供应。目前的化学消毒剂中，没有一种能够完全符合上述要求。因此在使用中，只能根据被消毒物品性质、工作需要及化学消毒剂的性能来选择使用某种消毒剂。

①选用适宜的消毒剂。水貂对气味敏感，对于消毒剂污染的饲料会拒食。水貂对来苏儿、克辽林敏感。应了解消毒剂的消毒特性，有针对性地选用消毒剂，选用高效、低毒、无腐蚀性、无特殊的气味和颜色、对笼具无腐蚀作用的消毒剂。

②按照说明书正确存放消毒剂，温度要适宜，有的还须避光存放。

③养殖场应多备几种消毒剂，定期交替使用，以免产生耐药性。

④正确配制（稀释）消毒药。消毒药要按照使用说明书进行稀释，浓度正确是消毒成功的关键因素。

⑤将需要消毒的环境或物品清理干净，去掉灰尘和覆盖物，有利于消毒剂发挥作用，否则会影响消毒效果。

⑥注意安全。消毒时应穿防护衣服，戴防护眼镜、口罩、手套等，如不慎沾到皮肤上，应立即用水清洗。

⑦消毒液经长期或频繁使用，都有可能滋生微生物，特别是中效或低效消毒剂，因此消毒液最好现配现用。

⑧除有特殊说明之外，不同的消毒剂不能混合使用。

186 养殖场要注意哪些日常防疫措施?

养殖场工作人员和饲养员进入生产区时,要换工作服和鞋,非饲养人员不许进入养殖场。原则上谢绝参观,必要的参观者,一定要换工作服和鞋(有条件的养殖场可准备一次性防护服,见图8-3),并经彻底消毒后方可进入。场外的车辆、用具不准进场。出售商品貂应在场外进行。对已调出的种貂,严禁再送回养殖场。种貂不准任意对外配种。决不能把来源不清楚的种貂任意带进养殖场。场内不准饲养家禽、家畜,严防其他畜禽进入养殖场。养殖场要做到固定人员、用具,不准乱拿乱用。

图8-3 为外来人员准备一次性防护服

187 发现疫情时,貂场应采取什么样的应对措施?

(1)隔离

将病貂、可疑感染貂(与病貂或其污染材料有过明显接触的)及假定健康貂(与前两种貂无接触的)分群饲养管理。病貂是最危险的传染源,必须将其放入隔离区内由专人护理和治疗,不准畜禽进入和病貂跑出。所有的饲养管理用具均应固定。护理人员和医疗人员出入均需消毒。对可疑感染貂群要详细进行临床观察,出现症状者一律按病貂处理。有条件时,立即进行免疫接种或药物预防治疗。经1～2周不发病者，方可取消限制。对假定健康貂群要立即进行紧急预防接种。在隔离期间应停止一切称重、打耳号及其他移动。

（2）封锁

当发生某些传染病（炭疽、犬瘟热等）时，除严格隔离病貂外，还应按照规定划区封锁。封锁时要掌握早、快、严、小的原则，即执行封锁应在流行初期，行动果断迅速，封锁严密，范围不宜太大。在封锁区内的易感动物应进行预防接种，对病貂进行治疗、急宰或扑杀等处理。经一定时期观察，再无疫病发生时，经全面终末消毒后解除封锁。封锁期因不同传染病而异。

188 养殖场内的粪便应当怎样处理？

为了防治畜禽养殖污染，推进畜禽养殖废弃物的综合利用和无害化处理，保护和改善环境，保障公众身体健康，促进畜牧业持续健康发展，国家制定了《畜禽规模养殖污染防治条例》。国家鼓励和支持对养殖废弃物进行综合利用，消除可能引起传染病的微生物，防止污染环境和传播疫病。养殖场要对粪便、污水等进行收集、贮存、清运，防止恶臭和畜禽养殖废弃物渗出、泄漏。水貂粪便中氮、磷的含量高，更适合生产生物有机肥或腐熟发酵用作肥料，在这一过程中可以利用高温杀死病原微生物、虫卵。

189 老鼠、蚊、蝇对水貂养殖有影响吗？

老鼠、蚊、蝇等是病原微生物的宿主和携带者，能传播多种传染病和寄生虫。日粮中添加有效微生物或在貂粪上喷洒有效微生物均能有效地驱蝇。也可在貂舍中安装简易的粘蝇装置（图8-4）。由于养殖场中的饲料为鼠类提供了充裕的食物，场内环境又适于鼠类生长，一些缝隙和孔穴为鼠类躲藏、居住和活动提供了方便条件，加之鼠类繁殖快，危害十分严重。

图 8-4　粘蝇装置

190 水貂养殖的免疫程序是什么？

老龄貂每年预防接种 2 次，第一次是在繁殖结束后，即仔貂断奶分窝后预防注射。继续留种的水貂在第 1 次预防接种后的第 6 个月再次预防接种。幼貂于断奶分窝后的第 3 周内进行第 1 次预防接种，留种幼貂在第 1 次接种后的第 6 个月再次预防接种。水貂要求接种犬瘟热疫苗、病毒性肠炎疫苗。水貂阿留申病要在种貂检疫的基础上对检测结果阳性的个体进行淘汰处理。水貂免疫程序见表 8-1。

表 8-1　水貂的免疫程度

免疫时间	预防疫病	疫　苗	用法与用量	备　注
50～60 日龄	犬瘟热	犬瘟热冻干活疫苗	按瓶签注明头份，用专用稀释液稀释，每只水貂肌内注射 1/3 头份	两种疫苗可同时免疫
50～60 日龄	细小病毒性肠炎	水貂病毒性肠炎灭活疫苗	每只水貂肌内或皮下注射 1 毫升	
65～70 日龄	肉毒梭菌毒素中毒	肉毒梭菌中毒症灭活疫苗	每只水貂肌内或皮下注射 1 毫升	两种疫苗可同时免疫

（续）

免疫时间	预防疫病	疫　苗	用法与用量	备　注
65～70日龄	绿脓杆菌病	绿农迪水貂出血性肺炎二价灭活疫苗（G型WD005株＋B型DL007株）	每只水貂肌内或皮下注射1毫升	
配种前30～60天	犬瘟热细小病毒性肠炎	犬瘟热冻干活疫苗、水貂病毒性肠炎灭活疫苗	按产品说明注射方法、剂量使用	

191 水貂疫苗接种时的注意事项有哪些？

①购买质量可靠的疫苗制品，妥善运输保管。运输和保管疫苗中要防止冷冻疫苗暖化和非冷冻疫苗被冻结。

②使用专用疫苗。

③不能使用超过有效期或保管期发生变质的陈旧疫苗。

④预防接种疫苗时，要注意严密消毒。注射器具要严格消毒，每接种1只水貂后更换1次针头，防止交叉感染或注射部位感染。

⑤预防接种过程中要准确保证注射疫苗的相应剂量，以产品说明书为准。

⑥皮下注射时，不要将注射器针头穿至皮外。

⑦预防接种应在水貂群健康状况良好、免疫功能健全时进行。如果水貂群健康状况不良，免疫功能降低，应暂缓进行预防接种。

⑧恰遇相应的传染病发生进行紧急接种时，疫苗必须保证质量，并且说明书中注明可供紧急接种使用。

九 、水貂的疾病预防和治疗

（一）概　　述

192 什么是传染病？

传染病是由病原微生物引起的具有一定的潜伏期和临床症状，并具有传染性的疾病。每一种传染病都有其特异的致病性微生物。传染病具有传染性和流行性。大多数耐过传染病的动物能获得特异性免疫，被感染的机体能产生特异性反应，如产生特异性的抗体和变态反应等，可以用血清学等方法检查；大多数传染病具有一定的潜伏期和特征性临诊表现。

193 传染病的发展过程是怎样的？

传染病的发展过程在大多数情况下可分为潜伏期、前驱期、明显（发病）期和转归期4个阶段。

（1）潜伏期

潜伏期是从病原体侵入机体并进行繁殖起，直到临诊症状开始出现为止。各种传染病的潜伏期长短不一，但同一种传染病的潜伏期大致有一个范围。多数传染病在潜伏期不向外排出病原体，但少数传染病可以排出病原体如狂犬病等。

（2）前驱期

前驱期是患病动物临诊症状开始表现出来，但该病的特征症状仍未明显表现出来的时期。前驱期一般较短，主要表现一般性全身症状，如体温升高、食欲减退、精神沉郁等。

（3）明显（发病）**期**

明显（发病）期是患病动物表现特征性症状的时期，是疾病发展的高峰阶段。

（4）转归期

转归期是明显期过后到疾病结束这段时期。如病原体致病性增强，动物机体抵抗力降低，动物以死亡为转归；相反则动物以康复为转归。在疾病结束后一定时间内，康复动物体还会带毒、排毒。

194 水貂传染病有哪些传播途径？

凡是传染病都有其特定的病原、一定的传播途径和特定的症状及病理变化。病貂可通过血液、粪便、唾液、眼鼻的分泌物、剩料、抓貂的手套和串笼箱等将病原传染给健康水貂。当貂场发病时，要十分注意这些用具和污物的消毒处理工作。此外，在发病期间，要查修笼舍，防止跑貂而引起疾病传播。

195 如何预防传染病？

①定期进行预防性接种和诊断性检查。

②应严格控制或禁止外人参观，必要时须经场兽医同意。

③饲养人员工作结束后，应将工作服和靴子送指定存放地点，消毒后再用。绝对不允许把工作服穿回家或不穿工作服进场，以防将传染病传进场内。

④在养殖场门口要设消毒池，供工作人员、运输车量出入时消毒。

⑤场内貂舍及笼箱要保持清洁。每天收拾的剩食应堆放在有冷冻装置的小室内。为预防母貂和仔貂疾病，应适时准备小室及产箱，并提前洗刷消毒。

⑥毛皮动物饲养场每周应清扫积粪2～3次，笼子和窝箱每天打扫一次，食具经常清洗并定期消毒。更重要的是对地面实行处理，应于笼子下撒垫石灰、锯末或沙子等，定期用耙子将其与粪便

混合，以防苍蝇产卵并可以消除恶臭。粪便应经常打扫运至堆粪场进行生物发酵。

⑦死亡动物剖检，必须在兽医诊疗室特设房间内进行。解剖后的尸体及其污染物应烧毁或深埋，用具进行彻底消毒。对饲养过病貂的笼子，要进行消毒。从场内隔离出来的水貂，不再归回貂群内，直至屠宰期取皮。

⑧对工作服、胶靴及护理用具应编号，固定人员使用，不得转借他人。

⑨为提高貂群对各种疾病抵抗力，必须重视选种育种工作。补充貂群时，一定不能将患过病者和瘦弱者留作种用，必须选择健康公、母貂所产的仔貂，同窝仔貂从来没有患过传染病和死亡的幼貂对基础貂群进行补充。

⑩严格遵守检疫制度对预防传染病具有特殊意义。对输入和输出的水貂，必须将其放到检疫隔离舍内进行为期 30 天的检疫观察，无病者方可入场和出售。出售貂要完成相关疫苗的接种，并于调出前 4 个月内进行阿留申病检查。

196 如何区分水貂的传染病、中毒病和代谢疾病？

（1）体温规律

传染病表现为体温升高；中毒表现为体温正常或偏低；代谢疾病表现为体温正常或变化不明显。

（2）发病规律

传染病表现为开始少数貂发病，然后逐渐增多，达到最高峰后又渐减少至自然状况；中毒是开始大批水貂突然发病，患貂起病急剧，清除病因后迅速平息；代谢疾病发病缓慢，清除病因后，病情不能迅速平息。

（3）食欲情况

传染病表现为发病前全群食欲良好，发病后未出现症状的水貂食欲仍正常；中毒表现为发病前全群食欲良好，发病后全群食欲差；代谢疾病表现为发病前全群食欲逐渐下降，严重者拒食。

（4）传染性

传染病具有传染性；中毒无传染现象；代谢疾病也无传染现象。

（5）个体因素

传染病表现为体质瘦弱食欲不佳的水貂容易发病；中毒则体质健壮、采食能力强的水貂容易发病；代谢疾病无规律性。

（6）剖检变化

传染病表现为各实质器官出血和败血症；中毒表现为肝质地脆弱，呈土黄色；代谢疾病，病理变化无规律性。

197 疾病的发生有季节性吗？

有些疾病的发生具有季节性，常见疾病的发病规律见表 9-1。

表 9-1　常见疾病及多发时期

常见疾病	多发时期	典型临床特征
犬瘟热	春季	硬足掌、皮炎、腥臭味、结膜炎等
病毒性肠炎	秋冬季	消瘦、嗜水、可视黏膜苍白
阿留申病	6—8月，幼貂易感	管状粪便
伪狂犬病	春秋多见	皮肤严重瘙痒
大肠杆菌病	分窝幼貂易感	排出混有血液带气泡粪便
沙门氏菌病	分窝幼貂易感	弓背、流泪、眼球塌陷、化脓性结膜炎
链球菌病	分窝幼貂易感	无典型临床症状
魏氏梭菌病	分窝幼貂易感	解剖症状明显
绿脓杆菌	多发生于秋季	鼻孔周围有血污或咯血

198 病貂送检时应注意哪些问题？

（1）可直接送完整的尸体

如果是短途送检，应将已死亡的水貂装到放有冰块的纸箱中，封严送检，时间不要超过 12 小时；若为长途送检，必须对新死亡的尸体预冻，然后装在保温箱中，再冰镇后送检。

（2）采集病料送检

必须在水貂死亡后立即采集病料，使用的剪子、镊子及手术刀必须经消毒处理。盛病料的器具可用灭菌的三角烧瓶或一次性密封袋。

实质性脏器如心脏、肺脏、脾脏、肝脏、肾脏、淋巴结等最好采集整个脏器；肠管，要选择病变明显的一段肠管，两端用线绳结扎后放容器中送检；流产胎儿，将整个胎儿放密封袋中送检；血液，静脉或趾爪采血 2～3 毫升，用试管收集全血，加塞盖严后送检；脑组织，开颅后取出大脑和小脑，纵切两半，分别放入 50％甘油生理盐水和 10％戊二醛溶液内，检验微生物和病理组织结构和超微结构；皮肤，用消毒后的外科刀刮取病变部位皮肤组织，放容器中送检。

用于细菌学检查的脏器病料一般要求保存在 30％甘油生理盐水中；用于病毒检查的病料应保存在 50％甘油生理盐水中；用于病理组织结构和超微结构检查的病料应保存在 10％戊二醛溶液中。如果养殖户没有条件达到上述要求，至少要将采集的新鲜病料放于一次性密封袋中，封严后将其放入有足量冰块的保温瓶或保温箱中，立即送检。送检多个水貂病料时，同类脏器应分别放入单独的容器或密封袋中并标号，以免混淆。以甘油生理盐水或戊二醛溶液保存的病料常温下送检即可。

送检人员必须了解水貂的整个发病情况或有详细的记录，最好是现场技术人员亲自送检，能提供水貂发病过程的全部信息，有助于实验室诊断工作者有目的地进行检验，快速得到诊断结果。

（二）水貂病毒性疾病

199 水貂常见的病毒性疾病有哪些？

水貂常见的病毒性疾病有犬瘟热、病毒性肠炎、伪狂犬病、传染性脑炎和阿留申病。

200 什么是水貂犬瘟热？如何防治？

犬瘟热是由副黏病毒科麻疹病毒属引起的急性、热性、高度接触性传染病。根据临床症状，分为卡他型和神经型两种。临床症状的主要特点是双相型发热，黏膜炎症。典型症状是眼结膜炎、脓性鼻炎、肛门外翻、爪肿大等。

可用磺胺制剂和抗生素治疗犬瘟热并发症，从而延缓病程，促进痊愈。因此，要及时施用抗菌消炎药物对病貂对症治疗。发生肠炎时，内服氯霉素或金霉素 0.1 克，每日 2 次，如合并肺炎，则注射 20 万单位青霉素或 0.1～0.2 克磺胺嘧啶钠。治疗期间，必须提高日粮质量，增加乳类和肉类饲料，并采取切断疫情蔓延措施。

水貂犬瘟热传染性强、危害大，不易扑灭和治疗，因此必须做好日常性预防工作。

接种疫苗是预防和控制本病的根本办法。建议成年貂应每半年接种一次。幼龄貂在 2 月龄时首免，2～3 周后二免，以后每半年进行一次预防接种。但只靠预防接种还不够，必须把预防工作的重点放在消灭一切传染源上，并采取以下措施。

①禁喂来自犬瘟热疫区的饲料，特别是犬肉和兔肉尤须注意。

②通常，貂场不应养犬，更不能让野犬窜入貂场和饲料室。

③对患过犬瘟热的病貂，年底一律淘汰取皮。切勿从发生过犬瘟热的貂场选购种貂。

201 为什么接种了犬瘟热疫苗还有水貂会得犬瘟热？

①6 月仔貂开始分窝，这个时期的仔貂因为断乳的原因，母源抗体水平开始下降，而犬瘟热疫苗尚未接种，因此这是一个犬瘟热抗体的低水平时期，很难形成对犬瘟热病毒的 100% 保护。部分水貂未能及时接种犬瘟热疫苗是目前犬瘟热发病的潜在原因。

②疫苗保存及运输方法不正确，免疫接种程序及接种剂量不

当，接种方法不正确，接种出现遗漏等。犬瘟热疫苗的免疫接种程序还有待进一步规范，以提高其免疫保护作用。

③流行病学调查显示，某一地区毛皮动物犬瘟热的流行大部分均由貉开始，貉比狐和水貂对犬瘟热更易感，与犬、貉等犬瘟热易感动物间的交叉传播也是一个不可忽视的因素，同时养貉的养貂场水貂得犬瘟热的风险更大。

202 **什么是水貂病毒性肠炎？如何防治？**

水貂病毒性肠炎，又称泛白细胞减少症或传染性肠炎，是以出血和坏死及急剧腹泻为主要症状的急性病毒性传染病，幼貂发病率和死亡率较高。本病是当前养貂场流行的一种危害性较大的急性传染病。病原体是细小病毒科细小病毒属的水貂肠炎病毒。本病的特征是白细胞减少，胃肠黏膜呈急性、卡他性、出血性炎症和坏死变化。典型症状是高热、呕吐、腹泻，排出混有血液、黏液（多呈乳白色，少数鲜红色或红褐色、黄绿色）的水样或管状粪便。本病目前也无特效疗法，免疫接种是预防的最好办法。

目前尚无治疗本病的有效药物。对病貂采用磺胺类制剂和各种抗生素治疗，虽对肠炎病毒无效，但可控制继发感染。实践证明，凡经药物治疗的病貂，一般都能加速康复，减少死亡。接种疫苗是预防本病最有效的办法。成年貂在1月，幼貂在6—7月接种病毒性肠炎疫苗或病毒性肠炎和肉毒梭菌类毒素联合疫苗。

为预防本病的发生，水貂场应经常进行驱赶鸟类、灭蝇和灭鼠工作。由于猫的泛白细胞减少症的病原也能感染水貂发生病毒性肠炎，所以，应禁止猫和其他动物进入貂场。发生过病毒性肠炎的水貂场要进行严格的消毒工作，以防翌年再度发生。笼舍、地面用0.3%甲醛，饮食具、工具和用品用火碱、甲醛消毒，粪便应运至远离貂场地方用生物发酵处理。患过该病的水貂，年终一律淘汰，严禁作种用。

203 **什么是水貂伪狂犬病？如何防治？**

伪狂犬病又称阿氏病，是由疱疹性病毒引起的急性传染病。常呈地方性流行，死亡率达74％。本病虽然不是一种常见的传染病，但是一旦发生，则能够在短期内使水貂场遭受重大损失。

传染源是患伪狂犬病的动物。对此病易感染的动物有犬、猫、羊和猪，成年猪是隐性传染的带毒者。水貂伪狂犬病的暴发流行主要是由于饲喂患伪狂犬病动物的肉及其副产品而引起，也会通过老鼠、昆虫传播该病。该病潜伏期3～4天。病貂食欲锐减或废绝，体温升高到40.5～41℃。病貂发病初期就出现持续时间长短不同的强烈的精神兴奋、痉挛和昏迷。多数病貂腹泻，口部流出大量的泡沫和血液，下颌麻痹，舌头伸出口外，身体失去平衡，步态不稳。后期出现后躯麻痹，公貂阴茎脱出。少数病例口部有奇痒症状，常用爪搔头顶、颜面部，致使口鼻周围有血液。病貂死前多发生抽搐和翻滚，发出尖叫声或嘶哑声死去。粪便一般无明显变化，病貂都在拒食12小时内死亡，病程极短。

目前尚无治疗伪狂犬病的特效药，也没有水貂专用的伪狂犬病疫苗。当发生伪狂犬病时，应立即停喂可疑带有伪狂犬病毒的饲料，并对貂场进行消毒。经常开展捕鼠灭蝇工作，预防饲料污染。

204 什么是水貂阿留申病？如何防治？

阿留申病是由阿留申病毒引起的一种病毒性传染病，也称浆细胞增多症或丙种球蛋白（γ球蛋白）过多症。典型症状是病貂渐进性消瘦，口渴暴饮，嗜睡，贫血，口腔黏膜溃疡、出血，排煤焦油状粪便，大部分病貂因肾衰竭而死亡。典型症状者确诊并不难，但临床上对尚未出现症状的隐性貂，只有进行实验室检查方能确诊。本病的特点是潜伏期长，急性病例2～3天死亡。慢性经过时，病貂食欲减退，烦渴贪饮，冬季常伏在水盒上饮水。随着病情的发展，口腔黏膜出血，逐渐恶化，极度消瘦贫血，精神沉郁，步态蹒跚，嗜睡，眼凹陷，被毛蓬乱，失去光泽，粪便呈沥青样，病后期口渴加剧，几乎整日伏在水盒上狂暴地饮水。中枢神经受害时，呈现脑膜炎症状、共济失调、痉挛、轻瘫或全瘫。有些病貂在口腔黏膜、唇、硬腭或舌面上出现小出血点和溃疡灶，由于体质过度衰弱，在晚秋气温突变时最易死亡。

本病无特效疗法，通常措施是对患貂加强饲养管理，在气温急剧变化时，要注意小室保温，合理使用抗生素，控制继发感染，但不要用磺胺类药物，以免加重对肾脏的损伤。这些措施，可尽量使患貂活到取皮季节再屠宰淘汰。

预防和控制病情发展是根本的办法，通过逐年的血液学检查淘汰患貂。血检中一旦发现亲代一方或子代中有一只为阳性，取皮时，应将双亲及全部幼貂屠宰淘汰。消灭传染源是预防本病的根本办法。年终、配种前和产仔前，对全群进行一次消毒，养过病貂的铁笼、小室、饮食具等，只有在严格消毒后才能饲养其他健康水貂。对水貂注射药物和疫苗时，要注意针头的消毒。

205 什么是水貂传染性脑病？如何防治？

貂脑病即水貂传染性脑病，是由朊病毒引起的死亡率很高的慢性或亚急性传染病。该病特征是患貂脑出现海绵样变性，非炎症变化。成年貂多发，1 岁以内的幼年貂和仔貂不发病。秋末冬初多发，一年四季可发病，死亡率达 100%。病毒主要经消化道感染，通过胎盘可垂直感染；一般通过带毒的粪便和尿液传播。经胃肠感染，潜伏期 7～8 个月，非经胃肠感染潜伏期 5～7 个月。首先，病貂失去正常的卫生习惯，不在原来固定位置排粪便，小室污秽不洁。继而吃食和吞咽困难。易受刺激而兴奋，动作不协调，尾巴向背上翘起，形如松鼠，常作圆圈运动或绕笼子无目的地来回运动。后期以上症状加重，运动失调，肌肉震颤，有时出现惊叫，咬尾部或笼，有时出现沉郁和睡眠状态。病程 28～50 天即死亡。解剖检查，无肉眼可见的病理变化。在神经症状发作之后，病貂陷入昏迷状态。常发现病貂用牙紧咬铁丝网而死亡。由于病貂消瘦，气温变化时加速其死亡。此病转归不良，很少发现有痊愈的病例。

目前无有效的治疗方法。不从出现该病或痒病的国家或地区引种及购进动物性饲料，对有可能受感染的貂和养殖场进行严格隔离和清洁消毒，有助于防止该病传播。隔离病貂，对病貂和可疑病貂所接触过的笼舍用喷灯或2％漂白粉进行消毒。清除并焚烧病貂笼下的粪便。

206 水貂会患新城疫吗？

新城疫病毒是鸡瘟的病原体。近年来，发现水貂也能感染新城疫病毒而引起发病。不过发病率低，严重感染时貂群的死亡率不超过3％。感染新城疫的水貂表现神经兴奋，阵发性痉挛、震颤、共济失调和麻痹，多以死亡告终。剖检尸体常见有肺充血和肺水肿，此外见不到其他异常变化。对神经系统的检查，有的病例出现脑膜炎，有的病例尚见到单核细胞血管周围浸润。对于以鸡的下脚料作饲料的水貂场，注意对饲料的卫生检查是预防本病的有效措施。尤其是感染新城疫的死鸡不能用来饲喂水貂。

（三）水貂细菌性疾病

207 水貂常见的细菌性疾病有哪些？

水貂常见的细菌病包括炭疽、巴氏杆菌病、大肠杆菌病、克雷伯氏菌病、绿脓杆菌病、沙门氏菌病、链球菌败血症等。

208 什么是水貂炭疽？

炭疽由炭疽杆菌引起的急性、热性、人畜共患的传染病。病的流行特点是超急性，发病率高，死亡快。炭疽杆菌是长5～8微米、宽1～1.5微米的大杆菌，菌端呈直角。革兰氏染色阳性，无运动性。在动物体内多为短链，并能形成荚膜，人工培养能形成长链，类似竹节状。炭疽杆菌的特征是能形成芽孢，这种芽孢通常在细菌离开尸体后与氧接触时形成。

炭疽杆菌生长型抵抗力不大，50～55℃1小时即可被杀死。阳光对其也有杀灭作用。对一般消毒剂的抵抗力也很弱，但一经形成芽孢，则抵抗力极强。饲喂生的患炭疽死亡的畜、禽肉，或保留含有芽孢的肉及其副产品是水貂场发生炭疽的主要原因。水貂饮用被炭疽芽孢污染的水也有被传染的可能。

潜伏期通常1~3天。患貂突然发病，看不到前驱症状，突然死亡。从呈现病状到死亡几乎只有几十分钟。病初体温急剧升高，口吐白沫，全身虚弱，行走摇晃，有渴感，拒食，多数病例出现似咖啡色的血尿，下痢，有时混有血液。大约有10%的病貂从鼻孔流出鲜红色血液。不久患貂出现呼吸困难和抽搐而死亡。

免疫马血清是特效药物，每次皮下注射10~15毫升，仔貂5~10毫升，可连续注射2次。青霉素20万单位，一次肌内注射。青霉素与免疫血清合用，皮下注射。土霉素10万单位，每日一次，肌内注射。

死于炭疽病的水貂一律焚烧或深埋，不许剥皮出售。发生炭疽水貂场的场地、饲料室、笼舍、食盆、水盒，以及与患貂或与炭疽杆菌污染的饲料接触过的一切用具需严格消毒。场地用10%氢氧化钠热溶液或20%漂白粉消毒。每隔1小时消毒1次，连续消毒3次。饲料加工机械、盛具、饮食具可用蒸汽消毒，其他适宜浸泡的物品可放于2%甲醛溶液中浸泡数小时，然后用水冲洗干净。把好饲料关，禁喂怀疑有炭疽病的病畜肉和内脏是防止水貂炭疽病的根本措施。炭疽病是人畜共患的烈性传染病；在诊断、治疗和尸体解剖过程中，一定要注意人身安全和避免环境污染。一旦确诊，应立即向当地卫生防疫部门报告。

209 什么是水貂沙门氏菌病？如何防治？

水貂沙门氏菌病多是由肠炎沙门氏菌、猪霍乱沙门氏菌、鼠伤寒沙门氏菌或鸡白痢沙门氏菌引起的一种败血病或以急、慢性肠炎为特点的传染病。以发热、下痢、脾脏显著肿大、肝脏变性为特征。水貂患病多。本病具有明显的季节性，多发生于6—8月，呈地方流行性或散发。死亡率高达45%~60%。

本病在自然情况下常在畜禽间流行，水貂发病通常是由于利用患沙门氏菌病的畜、禽肉类和副产品作为饲料而引起的。沙门氏菌可随病畜、禽及带菌畜、禽的粪尿排出体外，有时周期性地由乳汁排出。水貂饲料和饮水如果被沙门氏菌污染，或利用含有沙门氏菌的乳喂貂，也可造成传染。本病的发生与饲养管理不善，饲料营养不全，卫生条件不好，气候突变，受寒感冒，仔貂断奶后饲料质量低劣，发育不良等因素有一定关系。自然感染潜伏期为3～20天，平均为14天。

本病在临床上表现为急性、亚急性和慢性三种。

（1）急性

病貂拒食，精神沉郁，体温升高到41～42℃。常见躺卧或屈背站立，眼半闭流泪，行动缓慢，有时呕吐或下痢。最后出现昏迷、麻痹，经10～15小时死亡，病程稍长者2～3天死亡。

（2）亚急性

出现与急性患病动物同样的症状，一般表现较轻，但下痢较为明显，稀便中带有黏液，有时混有血液。病貂迅速消瘦，绒毛蓬松无光泽，眼球凹陷，有时患结膜炎。四肢无力，行走摇摆，后肢轻瘫，多经7～14天衰竭而死。

（3）慢性

慢性病例水貂较少见。病貂食欲不好，腹泻，粪便带有黏液，明显贫血，眼球凹陷，毛绒蓬乱无光泽，极度衰弱，经3～4周死亡。死貂脾脏高度肿大（6倍左右），呈暗褐色或暗红色。肝脏肿大，带有土黄色。肾脏稍肿，小肠黏膜肿胀，肺脏没有明显变化。

预防水貂沙门氏菌病要禁用患沙门氏菌病的畜、禽肉及其副产品喂貂。对可疑肉类和被沙门氏菌污染的饲料，必须经煮熟后利用；鱼、肉类饲料在运输、储藏、加工过程中，不要接触地面及污物，防止污染。加强妊娠期、哺乳期母貂和断奶初期仔貂的饲养管理，给予优质易消化饲料，促进仔貂的正常发育，以增强其抗病力；患过沙门氏菌病的带菌貂，不能留种，也不能作为种貂调出；发生沙门氏菌病的貂场，对病貂应立即隔离饲养，加强护理。被病貂污染的笼舍、场地、食具、工具等应进行消毒。

貂场一旦发生本病，应立即停喂可疑饲料，改善饲养管理，供给符合卫生要求的新鲜肉、肝脏等易消化、适口性好的饲料。对病貂可采取如下治疗方法。

①合霉素或氯霉素0.1克，一次口服，可连服5～7天。

②磺胺甲基嘧啶0.2克，加入饲料中，连续服用8天。

③新霉素和左旋霉素每天幼貂8～10毫克，成年貂20～30毫克，混于饲料中，连服7～10天。

④维持心脏机能可皮下注射20％樟脑油，仔貂0.2～0.5毫升，成年貂1毫升。

⑤对拒食病貂皮下注射10％葡萄糖溶液10～20毫升，用鸡蛋和牛奶进行人工饲喂。

210 什么是水貂脑膜炎？如何防治？

水貂脑膜炎是脑膜炎奈瑟氏球菌即脑膜炎双球菌引起的急性传染病。该病的特征是突然死亡且有脑膜炎和出血、败血症表现。每年3—4月多发，通过患病和隐性带菌貂接触传染。患病初期食欲减退，精神沉郁，口渴，消瘦，眼窝下陷，常卧地。心跳和呼吸加快，体温升高至40.5～41℃。消化不良，粪便变稀，带血、黏膜，呈墨绿色。在患病后期出现抽搐、痉挛等神经症状，严重者死亡；不严重者逐步变为高度消瘦。剖检可见脑膜充血，大脑、小脑及颅底有出血点；心内膜、心肌及冠状沟有出血点；肺出血，肺边缘有气肿现象，肺门淋巴结肿大，气管黏膜充血；肝、肾、脾肿大、出血、变颜色，肝变为黑红色，脾变为黑紫色；肠系膜淋巴结肿大，小肠发生卡他性、出血性肠炎。根据临床症状和剖检发现的病变可初步确诊。

对患貂及时隔离，每只用20万单位青霉素和10毫克链霉素肌内注射，每天2次，连用5～7天。对未发病的同养殖场内的貂，在饲料中添加复方新诺明0.3克/只，每天1次，连用5～7天。定期消毒场地、用具、工作服，加强饲养管理，增加貂的营养，在多发病季节多加维生素B、维生素C等。

211 什么是水貂肺炎球菌病？如何防治？

水貂肺炎球菌病是由黏液双球菌引起的一种急性传染病，临床上以脓毒败血症为特征，发病率和死亡率都很高。病貂食欲废绝，精神萎靡，不爱活动，经常躺卧在小室或笼子内。行步摇晃，屈曲前肢，拱背，呈现腹式呼吸，从鼻孔流出含有血样分泌物。个别病貂下痢。主要病变表现在呼吸道。肺脏增大、充血、呈局部性硬化，气管和支气管内有出血性、纤维素性和黏液性渗出物。胸腔、腹腔和心包内有化脓性渗出物。

控制进场饲料，特别注意检查犊牛、羔羊的肉和内脏。患双球菌病家畜的肉和内脏禁止喂貂。可疑肉类饲料及其他被污染的饲料，应煮熟后饲喂。发生本病时应立即停喂可疑饲料，更换优质新鲜饲料和补加维生素，以增强其抗病力。经常观察貂群，发现病貂立即隔离治疗。对污染的笼舍用喷灯进行火焰消毒或用3‰福尔马林溶液进行消毒，对食具等进行煮沸消毒。

磺胺二甲基嘧啶0.03～0.1克，一次口服；青霉素20万单位，一次肌内注射，每日2次；可用抗犊牛和羔羊双球菌病血清皮下一次注射5毫升；进行对症治疗，对拒食病貂用5％～10％葡萄糖溶液、维生素C、复合维生素B进行补液。心肌衰弱时可用樟脑油。

212 什么是水貂链球菌病？如何防治？

水貂链球菌病是由病原性链球菌引起的一种传染病。在临床上病貂多呈脓肿型，也有的呈现组织器官的炎症和败血症。本病多散发，很少呈地方性流行。

用患链球菌病畜的肉和内脏作为饲料，是水貂发生链球病的主要原因。被污染的牛奶、蔬菜、饮水、垫草等也能造成疾病传播，这是不可忽视的。口腔黏膜刺伤和皮肤创伤时，受链球菌感染也能发病。由于饲养管理不当、饲料营养不全等原因致使机体抵抗力下降，能促使本病的发生和发展。

本病潜伏期一般为6～16天。在临床上病貂常表现为脓肿型，在头部和颈部发生脓肿。也有的呈现肺炎、肋膜炎、腹膜炎、子宫内膜炎、乳房炎，最后导致败血症。链球菌引起脑膜炎时，常出现系列神经症状，行走摇摆，共济失调，有的突然倒地，呈现强直性痉挛，头向后仰，四肢伸展，肌肉紧张，持续发作 2～3 分钟后，逐渐转入正常，但经几小时后又重新发作。病程多为 3～36 小时。

主要病变可见脾脏肿大，暗红，有出血小点。肝脏充血、肿大，呈暗红色带有浅黄色，散布坏死灶。肾脏肿胀有出血斑点，间有脓性坏死灶。胃肠黏膜充血、出血。慢性病例关节脓肿，肺、肝、肾及其他器官常见有转移性小脓肿。

严格控制进场的肉类饲料，对可疑饲料进行实验室检验，确定有无溶血性链球菌，或煮熟后喂貂。所用垫草要求来自无链球菌病地区的柔软无刺的草。当貂场发生本病时，应加强饲养管理，逐只观察貂群，发现病貂立即隔离治疗。污染的笼箱、食具、工具、场地应进行消毒。青霉素、红霉素、磺胺类药物治疗有效。青霉素20 万单位，每天 1～2 次。红霉素 50～100 毫克，一次肌内注射。磺胺嘧啶钠 0.1 克，一次肌内注射。当心脏衰弱时注射樟脑油0.5～1 毫升，一次皮下注射。发生脓肿时，应切开排脓，用 0.1% 高锰酸钾溶液或双氧水冲洗后，撒上消炎粉。

213 什么是水貂兔热病？如何防治？

兔热病是由土拉杆菌引起的一种人兽共患传染病。水貂常呈地方性暴发流行，死亡率高，损失大。兔热病的主要传染源是患病的野兔和其他啮齿类动物的肉、内脏、排泄物，以及被排泄物所污染的饲料、食具、工具等。吸血昆虫也可传播兔热病。

如果是由于饲喂患兔热病的各种动物肉或内脏而引起发病，则多呈全群发病。前期发病的水貂呈急性败血型，表现为患貂突然拒食，体温升高达 41℃ 以上，精神萎靡，眼睛发红或发蓝，呼吸极度困难，后躯失灵，不久卧地死亡。后期发病的水貂多转为慢性型，患貂精神沉郁，不愿活动，拒食或食欲减少，步态蹒跚，粪便带有黏液，有时呈血便。各淋巴结高度肿胀以致颈部变粗，严重者化脓，经过治疗多能康复。

急性经过的水貂，体况中上等，皮下有脂肪。肺有出血点和炎症变化。心肌迟缓。脾脏肿大3～5倍，有出血点。肝、脾有黄白色坏死灶；慢性经过的水貂，咽后和肩前淋巴结肿大化脓，有时可以从颈部淋巴结抽出许多脓汁。肠系膜淋巴结肿大5～8倍，大网膜出血，胃肠内含血液，肾脏有小出血点。

水貂兔热病可根据呼吸困难，淋巴结肿大、化脓，肝、脾有坏死灶等作出初步诊断。先除去可疑饲料，更换新鲜、营养价值高的饲料。对患病水貂注射卡那霉素、庆大霉素、青霉素，口服合霉素。对已化脓的淋巴结切开按脓肿处理。

已发生兔热病的水貂场要及时进行消毒，并注意防止水源和其他饲料的污染。在利用野兔和其他啮齿类动物作水貂饲料的水貂场，应加强对这些饲料的卫生检查。对可疑饲料，特别是病死的兔肉及其下脚料、内脏，一定经高温处理后再喂貂。

214 什么是绿脓杆菌引起的肺炎？如何防治？

绿脓杆菌引起的肺炎又称假单胞菌性肺炎、绿脓杆菌病、假单胞菌病，是由铜绿假单胞菌引起的地方性流行、条件性、急性传染病。主要特征是发生出血性肺炎。该病在秋季气候多变、寒冷潮湿、抗病力下降时多发，一般经鼻、口感染，经患貂的粪便、尿液及分泌物传播。幼貂较成年貂敏感，其中公幼貂较母幼貂感染率高。最急性型未见症状突然死亡；急性型采食减少或停止采食，体温升高，呼吸困难，死前耳、鼻、口出血。发病率10％～30％，死亡率50％～60％。一般发病后1～2天内死亡。剖检可见肺发生炎症，包括出血性、化脓性、坏死性、大叶性、纤维素性肺炎；肺充血、出血，支气管、气管出血，硬变，严重的呈大理石样；胸腺出血，呈紫红色，淋巴结出血、水肿；肝微肿、出血，呈土黄色；脾明显肿大，呈紫红色；胃肠、肾也有出血现象。

确诊是绿脓杆菌引起的肺炎应及时隔离患病貂，用复方新诺明每日每只0.16克，分2次加饲料中喂服；或用磺胺噻唑钠每千克体重 0.2 克，拌饲料中喂服，连喂 1 周。或用庆大霉素、多黏菌素、新霉素及卡那霉素各 1 000～1 500 单位，或合用多黏菌素 2 000 单位和磺胺噻唑钠每千克体重 0.2 克，混于饲料中喂服，可取得较好防治效果。用貂假单胞菌病脂多糖疫苗免疫预防，也可取得较好效果。另外，应加强饲养管理，特别在秋季应注意天气变化，做好护理工作；防止饲料和饮水受到带有病原的粪便、尿液和分泌物的污染；加强对貂舍、用具、笼具、工作服等的消毒。

可采用如下治疗方法。

①发现早且病重者，用头孢曲松钠每千克体重 1.5 毫升，肌内注射，2～3 天。

②每千克体重阿莫西林 0.05 克＋氧氟沙星 0.1 克，肌内注射。

③磺胺嘧啶钠＋多黏菌素。

④氧氟沙星＋新诺明。

⑤每千克体重磺胺二甲嘧啶钠 2 克＋甲氧苄啶 0.4 克，肌内注射。

⑥每千克体重乳酸环丙沙星 2.5 毫克，肌内注射。

⑦每千克体重诺氟沙星 3 毫克，肌内注射。

215 什么是水貂克雷伯氏菌病？如何防治？

貂克雷伯氏菌病是由臭鼻克雷伯氏菌引起的、一种地方流行性的传染病。一年四季均可发生，通过带菌的粪便、水、下脚料等经口感染。

根据临床症状可分为急性型、蜂窝织炎型、脓疱疖型、麻痹型。

（1）急性型

患病突然，病貂精神沉郁，无食欲，体温升高至 41～41.5℃，呼吸困难、废绝而死亡；剖检可见，肺发生化脓性或纤维素性炎症，心脏内外膜出现炎症，肝、脾肿大，肾出血或出血性梗死。

（2）蜂窝织炎型

病貂喉部发生蜂窝织炎，接着颈部、肩部发生炎症，肿胀、化脓，表现为大脖子；剖检可见肝、脾肿大、充血、瘀血，切面外翻，肾上腺肿大、有小脓肿。

（3）脓疱疖型

全身皮肤出现小脓疱，有的流出脓汁，局部淋巴结肿大；剖检可见内脏充血、瘀血，呈败血性变化，皮肤脓疱的脓汁为白色或淡蓝色。

（4）麻痹型

食欲差至废绝，后肢运动障碍、麻痹，在 2～3 天内死亡；剖检可见肾、脾肿大，多见膀胱积黄红色的尿液，黏膜肿胀、增厚。

（5）败血型

突然发病，食欲废绝，精神沉郁，呼吸困难，出现症状后很快死亡。表现呼吸困难的病貂，剖检肺脏呈现纤维素性或纤维素性化脓性肺炎，肝、脾肿大，肾有瘀血斑。

利用肉类饲料特别是家畜的下脚料时，应进行严格的卫生检验，对可疑饲料要熟制。注意饮水卫生，做好灭鼠工作。

发生本病的貂场，应立即隔离病貂和可疑病貂，并进行全场性大消毒。病貂发生体表脓肿时，应切开排脓，用双氧水洗涤，撒上磺胺粉或涂上青霉素油剂。全身疗法，可用链霉素 2.5 万～5 万单位，每天一次肌内注射，至痊愈为止。脓肿破溃时，可用链霉素溶液灌注脓腔。

216 什么是水貂大肠杆菌病？如何防治？

大肠杆菌病是由致病性埃希氏大肠杆菌感染引起的腹泻的总称。病因为动物性饲料腐败变质、氧化或谷物性饲料霉变，饲料突变或更换饲料，水貂过食，大量用药引起的菌群失调，各种应激因素导致肠道内环境改变，继发于某些传染病过程中。自然感染本病，潜伏期变化很大，主要取决于水貂自身的抵抗力、细菌的毒力及饲养管理条件。经饲料和饮水传染通常呈急性或亚急性经过。自体感染多为慢性经过。

发病初期，病貂食欲减退，继而完全废绝，多躺卧于小室内不动，粪便呈黄色液状，然后下痢加剧，粪便呈灰白色或暗灰色、带黏液、常常有泡沫，有时呕吐，哺乳仔貂常排出未经消化的凝乳块、有时混有血液。断乳的仔貂排出未消化的食物残渣，被覆着黏液，并混有血。肛门四周、尾部、后肢被粪便污染，被毛粘在一起。病貂体质很快恶化、衰弱，体温升高达 40℃ 以上，经 2～3 天死亡。慢性病例要 5～6 天死亡。妊娠母貂患病时，发生大批流产和死胎。患貂精神沉郁不安，食欲减退，有相当一部分貂并发乳房炎。

先除去不良饲料，改善饲养管理条件，投给新鲜、易消化、营养全价的饲料，以提高机体抗病力。用特异性治疗，如果血清型相符，则可收到满意的效果。每只水貂注射仔猪（牛犊、羔羊）的大肠杆菌病的高免血清 5～10 毫升，预防量减半。如高免血清配合抗生素及维生素，则治疗效果更好。用恩诺沙星、庆大霉素、氟本尼考、卡那霉素、磺胺脒、穿心莲、黄连素、鱼腥草等药物治疗有效，每日 1～2 次从口投服，但大肠杆菌容易产生耐药性。

预防本病的首要措施是加强饲料和饮水卫生检查，不要使用患大肠杆菌病的畜禽肉、内脏、乳和下脚料作水貂饲料，注意防止水被大肠杆菌污染。还要加强日常饲养管理，增强水貂抗病力。可在妊娠期、哺乳期、断奶后 1 个月内日粮中添加益生素加以预防。

217 什么是水貂巴氏杆菌病？如何防治？

水貂巴氏杆菌病是由多杀性巴氏杆菌引起的一种急性败血性传染病。根据机体抵抗力和病原的毒力不同，本病在临床上的表现是多种多样的，大致可区分为急性、亚急性和慢性病例。

（1）急性

食欲减退，先表现兴奋后沉郁，体温升高到 41～42℃，并轻微波动于整个病期而后期下降。大多数病貂躺卧于小室内，走动时背弓起、两眼流泪、沿笼子缓慢移动，发生下痢、呕吐，在昏迷状态下死亡。一般经 5～10 小时或延至 2～3 天死亡。

（2）亚急性

胃肠机能高度紊乱，体温升高到 40～41℃，精神沉郁，呼吸频率增加，食欲丧失。病貂被毛蓬乱无光，眼睛下陷无神，有时出现化脓性结膜炎。少数病例有黏液性化脓性鼻漏或咳嗽。病貂很快消瘦、下痢，个别有呕吐。粪便变为液体状或水样，混有大量胶体状黏液，个别混有血液。四肢软弱无力，后肢出现不全麻痹。高度衰竭的于7～14天内死亡。

（3）慢性

消化机能紊乱，食欲减退，下痢、粪便混有黏液，进行性消瘦、贫血，眼球塌陷，有的出现化脓性结膜炎，被毛蓬乱、黏结、无光泽。病貂卧于小室内，很少运动。走动时步履不稳，行动缓慢，高度衰竭者经3～4周死亡。在配种和妊娠期流行本病时，多数病貂在妊娠中后期发生流产，造成大批空怀，空怀率达14%～20%。仔貂于10日龄以内死亡率高达20%～22%。

病因为外源性感染，与饲喂巴氏杆菌感染的畜禽饲料或饲养场附近畜禽有该病流行有关；内源性感染与应激有关，长途运输、饲料突变、低温多雨、高温高湿、饲养密度过大、通风不良、环境卫生恶劣等都是致病因素。多价出血性败血症免疫血清是治疗巴氏杆菌病的特效药物。成年貂15～20毫升，幼貂5～10毫升，皮下多点注射。用庆大霉素、链霉素、卡那霉素、先锋霉素或头孢类、新诺明、恩诺沙星等药物治疗有效。如青霉素20万单位或土霉素10万单位，每日3次肌内注射。也可口服土霉素0.1克，复合维生素B 0.1克。可预见的应激反应如长途运输时，应提前在饲料中添加维生素C、维生素E、复合维生素B、葡萄糖、柠檬酸、寡聚糖等。改善生存环境、科学饲养、提高健康水平和机体免疫力是预防该病发生的关键。

218 什么是水貂布鲁氏菌病？

水貂布鲁氏菌病是由布鲁氏菌所致的一种人、畜和毛皮动物共患的慢性传染病。水貂布鲁氏菌病已证实存在，根据对不同动物的致病力分为牛型、羊型、猪型。发生水貂布鲁氏菌病的水貂场，应当警惕工作人员受感染。多数是因用患布鲁氏菌病牛、羊的肉类、奶类等作为饲料而引起发病的，特别是用其生殖器官、胎盘、胎儿等作为饲料更危险。在配种期通过交配能够造成相互传染。

目前对水貂布鲁氏菌病尚无有效治疗方法，所幸并不多发。隔离阳性病貂，到取皮季节全部淘汰，以达到逐步清除布鲁氏菌病的目的。病貂污染的场地、笼舍、食具、工具等用 15％石灰水、5％福尔马林、或 10％热碱水等溶液进行消毒。

219 什么是水貂魏氏梭菌病？如何防治？

魏氏梭菌病是由魏氏梭菌或产气荚膜杆菌感染引起的以肠道重度出血为特征的食源性传染病。病原为 A 型魏氏梭菌，分布于土壤、粪便、污水、饲料及动物肠道内。饲养管理不当、突然更换饲料、蛋白饲料过多可成为诱因。一年四季均可发病，易感性强。发病率 10％～30％，死亡率 90％～100％。最急性者，不见症状而突然死亡；急性病例，采食减少，排稀便，最后粪便为柏油状，腹胀水，经 2～3 天死亡。死亡水貂腹部膨胀，有腹水。胃、肠道积气扩张，浆膜下有弥漫性出血斑。胃黏膜上有数个大小不等的溃疡表面。肠道积气扩张，浆膜下有无数个出血斑。肠壁变薄、透明，肠内容物呈黑色。肝、肺肿胀、出血。根据临床症状和剖检变化即可作出初步诊断，确诊需进行细菌学检查。

立即停喂变质、腐败饲料。对全场进行消毒。全群立即用抗生素预防。对发病水貂，轻症者可用庆大霉素治疗，重症者应立即淘汰。

220 什么是水貂结核病？如何防治？

水貂结核病是由结核杆菌引起的家畜、家禽、水貂和其他毛皮动物共患的一种慢性传染病。本病以患病器官形成干酪化和钙化的结核结节为特征，没有明显的季节性，但夏、秋季较多见，幼貂易发病。

本病潜伏期为 1～2 周，病程较长，一般不表现特征性症状，诊断比较困难。病貂食欲减退，逐渐消瘦，被毛无光泽，精神不振，常躺卧不起。患肺结核时，表现呼吸困难，有时咳嗽，鼻、眼有浆液性分泌物，有的病貂有脓性鼻漏。患肠结核时，腹泻，粪中带血。患肠系膜淋巴结结核时，腹腔可能积水。剖检特征，结核病变常发生于肺脏，在肺组织和肋膜上见有大小不一的钙化结节，支气管淋巴结肿大。有的胸腔内混有脓样渗出物。其他患病器官见有大小不等的干酪化和钙化特异性结核结节。

有结核病流行的貂场，应进行结核菌素检查，发现阳性及可疑病貂应隔离饲养，淘汰取皮，不留种用。可用雷米封每日口服 4 毫克，连续 3～4 周，具有一定疗效。病貂用的笼箱、食具、工具等用火焰或 2％热苛性钠溶液消毒后方可利用。场地应彻底消毒，粪便应彻底清除。

221 什么是水貂丹毒病？如何防治？

水貂丹毒是由猪丹毒杆菌引起的急性败血性传染病。在毛皮动物中仅见于水貂，呈散发性。丹毒病与遗传因素有关，阿留申水貂多发，其他水貂少见。

水貂患丹毒病，主要是利用患丹毒病猪的肉和内脏及其他下脚料作为饲料而被感染的。被丹毒杆菌污染的饲料和饮水，也是重要的传染来源。本病多呈急性经过，病貂食欲突然下降或拒食，呼吸频率增加而浅表，多在出现症状后不久死亡。死貂营养良好，脾脏肿大、瘀血，肾脏有大小不等的出血点，其他脏器高度充血。

病貂应隔离治疗，可用青霉素 20 万单位，每天一次，肌内注射，有一定的疗效。也可在饲料和饮水中加四环素（每只 0.05克），也有较好的疗效。

严禁貂、猪混院饲养，患猪丹毒病猪的肉、内脏和下脚料不能喂貂，可疑饲料应作细菌学检查，或进行高温处理后利用。笼箱、用具用 3％硫酸亚铁溶液洗刷消毒，内外场地用 2％过氧乙酸喷洒消毒，尤其是对于猪舍改造的貂场更为重要。

222 什么是仔貂脓疱病？如何防治？

脓疱病是新生仔貂的一种细菌性急性传染病，以散发居多。病原是金黄色葡萄球菌，也有人认为是化脓性链球菌和双球菌。潜伏期1~2天，仔貂变弱，发育滞后。常在枕后、颈部、会阴、肛门部皮肤上发生白色小脓疱，如粟粒大小，融合变成豆粒大。脓疱破溃流出黄绿色浓稠的脓汁，有的病变皮肤呈暗红色，不发生脓疱，为本病严重的表现。多为急性经过，预后取决于日龄和严重程度，4日龄以上一般能痊愈，1~2日龄死亡率高，不加以治疗100%死亡。死亡病貂除皮肤有脓疱以外，仔貂内脏器官变化不定。

给发病仔貂在患部附近部位注射青霉素钠，每日1次，剂量为0.1~0.2毫升（500~1 000单位/毫升）；严重者将脓疱挑开，排出全部脓汁，用双氧水或新洁尔灭冲洗后，用生理盐水冲洗（将消毒液冲干净），然后涂抹红霉素软膏，每日1次。

223 什么是水貂伪结核病？如何防治？

水貂伪结核病是由啮齿伪结核杆菌引起的一种急性传染病。水貂很少发生，各种畜、禽和多种毛皮动物均易感。主要特征是在肠管上覆盖淡黄色小结节。本病常呈散发或地方性暴发，无明显季节性，但多见于夏季。

患伪结核病的畜、禽和鼠类是本病的主要传染来源。因此，利用病畜、禽的肉和内脏作为饲料，是水貂患病的主要原因。被病畜、禽粪尿污染的饲料和饮水也能造成传染。饲养管理不善，缺乏维生素，患寄生虫病，以及其他降低抵抗力的因素，都能促使本病的发生。

病貂食欲下降或废绝，精神沉郁，不爱活动，被毛蓬松无光，日渐消瘦。多数病貂在出现症状后短期内死亡，也有一部分病貂死前不表现症状。死貂主要病变在肠管内，在肠黏膜上可见有淡黄色粟粒大到豌豆大的坏死性小结节。肝和脾可见有同样的小结节，脾脏肿大，呈深红色。

要加强对饲料的检验，发现患有伪结核病的畜、禽肉类不能喂貂。要经常做好灭鼠工作。对病貂应隔离治疗，被污染的笼箱、食具、用具、场地应进行消毒。本病到目前为止尚无较好的治疗方法，可试用链霉素、氯霉素、四环素或金霉素进行治疗。

224 什么是水貂腹膜炎？如何防治？

水貂腹膜炎较少见，主要病因是细菌感染，分原发性和继发性两种。原发性胸膜炎与肺炎的病因相同，感冒是发病的重要因素。继发性胸膜炎见于巴氏杆菌病、链球菌病、结核病等传染病。此外，脓毒症、败血症、肾炎、腹膜炎等病也能继发或引起转移性胸膜炎。

患病初期往往不易被察觉，多在病情加重时才被发现。病貂食欲不振或拒食，呼吸浅促，呈腹式呼吸。当胸腔内渗出物过多时，呼吸困难，体温上升，可视黏膜发绀，鼻镜干燥，站立不稳，行走摇晃，有胸部疼痛表现。本病多并发心包炎，最后因心力衰竭而死。

原发性胸膜炎的预防，可参照肺炎的预防方法。凡患过胸膜炎的病貂，到取皮季节最好连同所产仔貂全部淘汰，不留种用。可用药物治疗，青霉素10万～20万单位肌内注射，每日2次；土霉素0.05克,用蜜调后口服，每日2次；20%磺胺嘧啶钠液0.5～1毫升肌内注射，每日1次；乌洛托品0.2克口服，每日2次。

（四）水貂寄生虫病

225 水貂常见的寄生虫病有哪些？

水貂养殖中常见的寄生虫病有螨病、蛔虫病、弓形虫病等。

226 什么是螨（疥癣）病？如何防治？

螨（疥癣）病是螨（疥癣虫）寄生于皮肤所引起的一种慢性皮肤病。犬疥癣是水貂螨病的主要传染源。疥螨潜藏于宿主的皮肤深部或毛的深密处。貂受疥螨侵袭后，受害部位出现奇痒，水貂常用口咬食或用爪搔抓该部位，致使皮肤受伤，毛脱落。通常四肢先受侵袭，变得粗大，并有褐色痂皮和变硬，接着向其他部位蔓延。疥癣是一种体外寄生虫病，传播力强，危害大，一旦发现应立即隔离治疗，严重者应宰杀，尸体焚烧或深埋。对病貂用过的笼舍、用具，应彻底洗净和消毒。

在治疗前剪去病变部的被毛，用温热的肥皂水洗涤干净，治疗螨病的药物以多拉菌素、伊维菌素制剂为首选。治疗的同时还应对环境严加消毒，防止继发感染。患螨病的水貂不要留作种用。

227 什么是水貂弓形虫病？如何防治？

弓形虫病是由弓形虫引起的一种人兽共患的寄生虫病。常散发或呈地方性流行，幼貂死亡率达 50%。弓形虫主要寄生在肝、脾的细胞和中枢神经系统的神经细胞内，通过分裂进行繁殖，并可形成伪包囊。弓形虫离开伪包囊进入体液循环而侵入各组织器官中时，可在其中的一些细胞内进行繁殖。弓形虫可随唾液、尿、粪便、鼻液、阴道黏液或乳汁排出体外。

水貂弓形虫病主要通过食物感染，也可能经胎盘感染。患病水貂精神迟钝，采食困难、缓慢，共济失调，常作圆圈运动。尾巴甩向背部，如同松鼠。呼吸困难，间或出现结膜炎，有些病貂在抽搐中死亡。慢性经过的病例，病貂进行性消瘦，毛绒失去正常光泽，生长停滞。也有一些病例完全没有临床症状而突然死亡。

剖检可见肝严重充血和水肿，有许多白色小结节。组织检查在肺间质中可发现散在的弓形虫。肝肿大，有粟粒大小的坏死灶。在坏死灶的边缘，有许多弓形虫或弓形虫伪包囊。脾常增大 2～3 倍，有瘀血斑。肾呈淡黄色，皮质层有点状出血。胃肠出血，黏膜下层有急性炎症的病理变化。可检出大量的虫体。间或在肌纤维间见有弓形虫的伪包囊。肠淋巴结出血，有坏死灶。胰脏出血，有坏死灶。膀胱壁明显增厚和出血。大脑和小脑见有裂殖的弓形虫和伪包囊，并有细小坏死灶。

当确定水貂发生弓形虫病时，可用磺胺二甲基嘧啶0.1克每天每只服2次，连服5天，然后再每隔3天服1次，持续治疗9天。对患貂的分泌物、排泄物，以及被这些分泌物、排泄物所污染的笼舍、小室、工具、食具等进行消毒。

228 什么是水貂附红细胞体病？如何防治？

水貂附红细胞体病是由附红细胞体寄生于红细胞表面和血浆中而引起水貂的一种烈性传染病。其临床以发热、黄疸、贫血等为特征，附红细胞体也称血虫体，简称附红体。附红体既有原虫特点，又有立克次氏体的特征，长期以来分类地位不能确定，直至1997年认定其应为柔膜体科的支原体质。严格地说，水貂附红细胞体病不是寄生虫病。几乎所有的哺乳动物及禽类均能患此病，而水貂又以畜禽的下脚料为食，因此水貂附红细胞体病常给养貂生产带来巨大的经济损失。

水貂附红细胞体病呈散发流行趋势。可引起水貂生长速度缓慢、黄疸性贫血、消化机能障碍，严重时死亡率较高。该病呈隐性感染，应激状态下急性发作。高热（体温升高到42～43℃）、黄疸、出血、贫血，内脏及四肢肌肉无力，心扩张，尿黄，肝、脾、肾瘀血、肿胀。开始发病时粪干，后期腹泻、带血，甚至呈煤焦油状。母貂可致化胎、死胎、早产、不发情、不孕。公貂无精、精子畸形、因体虚而配种能力明显下降。

传染方式为吸血昆虫（蚊、螨、蝇、虻、虱、蚤）叮咬、针头注射等由血液直接传播，没有熟制的患有附红细胞体病的动物性饲料由胃肠道传播，互相咬斗出血后也可传播。饲料中添加多西环素或者土霉素连用5天。严重的肌内注射血虫净，剂量为每千克体重7毫克，3天见效，5天后可控制病情。

229 不同寄生虫病在水貂生产中的发病情况是怎样的？

由于传染源消灭不彻底，生产上缺乏有效的预防，传播途径多难以控制（附红细胞体的感染与体外寄生虫、吸血昆虫、蚊、蝇等传播有关，螨虫的传染可通过用具、垫草等间接传播），使得寄生虫病在水貂生产中仍有发生。

①螨病在水貂养殖中存在小范围的流行。

②附红细胞体在水貂中大多呈隐性感染，某些地区的感染率达到 30%～50%，可引起部分死亡。

③蛔虫病和弓形虫病等仍在一些养殖场有零星的发生。水貂体内寄生虫主要是蛔虫，以胎内感染为主，一般在每年的 1 月和 8 月驱虫 2 次。可口服驱蛔灵每千克体重 100 毫克、左旋咪唑每千克体重 100 毫克、肌内注射（颈部皮下）阿维菌素每千克体重 0.02 毫升、口服速效肠虫净咪唑每次 1 片、肌内注射多拉菌素每千克体重 0.03 毫升。

（五）水貂普通病

230 什么是水貂普通病？

普通病指由非特定病原体引起的动物疾病，包括营养代谢性疾病、中毒性疾病、遗传性疾病、应激性疾病、免疫性疾病和因饲养管理不当引起的各种器官系统性疾病等。

231 水貂缺乏维生素 A 有哪些危害？

当日粮中维生素 A 含量很高时，维生素 A 可以在水貂肝脏中贮存。成年貂能够贮存时间长一些，但仔貂和生长发育的幼貂，由于消耗较多，肝脏中只能贮存微量，所以维生素 A 缺乏常发生在水貂快速生长时期，多发生于 5—6 月和 7—8 月。

（1）对视觉的影响

维生素 A 的不足可导致夜盲症或全盲症，引起角膜上皮脱落、增厚、角质化，使原来透明的角膜变得不透明。

（2）对生长的影响

维生素 A 缺乏的幼貂骨组织生长受阻，生长速度明显降低，换齿推迟，成牙细小。由于维生素 A 控制分泌生长激素基因的活性，所以维生素 A 缺乏可造成毛皮动物生长迟缓。

（3）对生殖的影响

维生素 A 缺乏对生殖的影响主要与其对生殖器官上皮组织的影响有关，缺乏时可以影响公貂的胎盘精索上皮产生精母细胞。在显微镜下可见到输精管上皮变性，精子和精原细胞消失，同时可见到前列腺角化、精囊变小。临床可见到睾丸体积小、重量减轻，不能正常参加配种；母貂生殖系统黏膜异常，卵巢滤泡发育不良，内分泌紊乱，不排卵或者受精卵不着床，造成空怀。由于子宫上皮细胞的损坏，引起胎儿营养不良，产弱仔或死胎，以及胚胎被吸收、流产。因为生殖器官的发育是一个过程，精细胞和卵细胞的发育也是一个过程，所以在毛皮动物的准备配种期，尤其是在准备配种后期要供给充足的维生素 A。

（4）降低机体抵抗力

（5）引起尿结石病

232 水貂缺乏维生素 E 有哪些危害？

维生素 E 在动物肠道中吸收很缓慢，动物只有在较长期服用维生素 E，才能对繁殖功能产生有益作用。日粮中含有大量不饱和脂肪酸时，应增加维生素 E 的供给量。

①种貂维生素 E 缺乏时，主要表现为生殖器官病理变化和生殖机能的紊乱。种公貂睾丸体积变小，精细管萎缩，精液生成发生障碍。种母貂发情推迟，失配增加，最明显的表现为胚胎吸收、流产、死胎，母貂失去正常生育能力。

②母貂怀孕期缺乏维生素 E，新生仔貂萎靡不振，不好动，生命力弱。某些仔貂不会吸吮母乳，出生后头几天由于衰竭而死亡。在动物皮下常可观察到有胶状的褐色渗出液。仔貂有时出现脑软化症。

③肌肉受到损害，表现为肌肉营养不良，严重时不能站立。

④长期缺乏维生素 E，可引起水貂肝坏死。给水貂饲喂氧化变

质的鱼，水貂出现逐渐拒食、生长阻滞、腹围增大、后躯麻痹、触摸鼠蹊部有片状或索状硬固的脂肪块，最后转归死亡。死亡水貂剖检可观察到肝脏和体脂肪黄染。

233 什么是黄脂肪病？

水貂黄脂肪病是一种营养性疾病，是水貂养殖业中危害较大的常发病，不仅会导致水貂大批死亡，而且在繁殖季节会导致母貂发情不正常、不孕、死胎、流产等。本病的发生主要是由于饲喂脂肪氧化酸败的饲料和缺乏维生素 E 引起，所以有人将黄脂肪病也列为维生素 E 缺乏症。仔貂断奶分窝后 7—9 月多发，有时发病率高达 70％以上，死亡率 50％左右。初期食欲减退、拒食，精神沉郁，不愿活动，可视黏膜黄染，腹泻，排黏稠煤焦油样便，后躯麻痹，最后发生痉挛，昏迷而死。触诊鼠蹊部有硬块，缺乏弹性。如不及时治疗，多以死亡转归。剖检皮下有渗出液，皮下脂肪黄染等现象。当水貂发生黄脂肪病死亡时，尸体剖检病变可见全身皮下脂肪黄染，尤以背部和鼠蹊部明显。肝体积明显增大，质地粗糙而脆，呈黄色或灰黄色；胆囊高度充盈，充满黏稠的黑绿色胆汁。肾肿大，颜色灰黄；肠系膜、大网膜及肾脂肪囊均呈黄色。

在饲料中补充维生素 E 和氯化胆碱能预防该病的发生。特别是长期饲喂贮存过久或已氧化变质的鱼类，更应大剂量补充维生素 E 和氯化胆碱。如已确诊发生了黄脂肪病，应立即停喂变质的鱼、肉类，更换新鲜的动物性饲料，对发病水貂肌内注射亚硒酸钠维生素 E 注射液，0.5 毫升/只；肌内注射青霉素，10 万单位/只。同时，在饲料中添加维生素 E、复合维生素 B、电解多维等。经过 1 周的治疗，大部分病貂可痊愈，但后期生长发育速度明显变慢。

234 水貂缺乏维生素 D 有哪些危害？

①妊娠期维生素 D 不足，胎儿发育不良、产弱仔或者仔貂骨

骼纤细，成活率低。

②泌乳期维生素 D 不足，泌乳量减少，提前停止泌乳，母貂过度消瘦、骨骼变软、食欲减弱、衰弱死亡。

③幼貂一般在 2～4 月龄时易发生典型的临床症状——前肢弯曲、关节粗大。如果饲喂条件不改善，动物很快停止生长。幼貂伴随食欲丧失、生长受阻、消化性腹泻。患佝偻病仔貂经常因消化紊乱死于血毒症。

④换毛期缺乏维生素 D，毛绒失去光泽、密度低、质量差。

235 水貂缺乏维生素 K 有哪些危害？

维生素 K 不足将导致凝血时间延长，出血不止。各组织器官易发生出血，可出现贫血甚至死亡。若母貂怀孕期缺乏维生素 K，则新生仔貂在出生后前几天可出现颅内溢血，继而皮下细胞和内脏溢血，仔貂大部分死亡。

236 什么是仔貂红爪病？如何防治？

红爪病是水貂维生素 C 缺乏症中的一种，主要发生于新生仔貂。维生素 C 又称抗坏血酸，是水貂必需维生素之一。维生素 C 缺乏可引起骨生成带破坏，毛细血管通透性增加和血细胞生成受到抑制。包括貂在内的多数毛皮动物在体内不能合成维生素 C，只能从日粮中的青绿饲料中获得，这对于妊娠貂尤为重要。

新生仔貂四肢水肿，关节粗肿，病部皮肤极度发红，趾掌肿胀、溃裂，不断向前乱爬，不能吮乳，时时尖叫，经 1～3 天死亡。成貂病例出现步态不稳，运动性疼痛，齿龈出血和关节肿胀等症状。一般发病率和死亡率都不高。仔貂病例剖检时可见皮下出血、水肿，胸腹肌肉广泛性出血。成貂病例也可见到皮下、关节周围和胸、腹、心包等浆膜有出血性病变。

应及时对患病仔貂进行治疗和人工哺乳。经口滴服 3%～5% 维生素 C 液，每次 1 毫升，每日 2 次，持续到水肿等症状消失。维生素 C 液应当天用完。同时给每只哺乳母貂和发病成貂补给维生素 C 10～20 毫克，拌料给药，每天 1 次。要保证母貂的优质全价日粮，日粮中必须要有新鲜的青绿料。在饲喂冻存 3 个月以上的动物性饲料时，应在日粮中添加维生素 C。

237 水貂缺乏维生素 B_1 有哪些危害？

①水貂表现食欲丧失、大量拒食（占 50％），消化障碍，步态不稳，并逐渐消瘦、严重抽搐、强烈痉挛、后肢麻痹，最后昏迷死亡。尸体剖检可见大脑组织出现渗出性出血，心脏扩大，心肌松弛，肝脏呈暗红色或土黄色，质脆易碎，发现肝破裂，腹腔内有带血状腹水。

②若日粮中维生素 B_1 不足，则毛皮动物性器官发育不良，种貂丧失正常生育能力，参加配种的母貂空怀率高。

238 水貂缺乏维生素 B_2 有哪些危害？

①水貂神经系统活动受到破坏，动物表现步态不稳、后肢轻瘫、心脏衰弱、处于昏迷或抽搐状态。

②皮肤干燥、表皮角质化、针毛粗糙、无光泽、颜色变浅、绒毛红褐，以及皮肤代谢紊乱造成被毛脱落。

③维生素 B_2 为正常繁殖母貂所必需。缺乏时动物不发情，长期不足会使动物永远丧失生育能力。维生素 B_2 缺乏的母貂所生的仔貂很大部分先天畸形，上腭裂开、四肢骨短、骨骼发育不正常。此外，机体的抵抗力下降，易感染肺炎球菌、葡萄球菌、立克次氏体。

④仔貂维生素 B_2 缺乏，在各器官功能没有被严重破坏时有旺盛的食欲，吃得较多但生长发育不良，最后出现后肢不全麻痹、脂溢性皮炎，有时全身脂肪黄染。

239 水貂缺乏泛酸有哪些危害？

泛酸是辅酶 A 的辅基，参与体内基本代谢、脂肪酸的合成和降解、乙酰胆碱的合成、抗体的合成、营养物质的利用等。

水貂缺乏泛酸，可使机体的许多器官和组织受损。幼狐日粮无泛酸的试验表明，2～3周后幼狐停止生长，但食欲良好，有的狐在无任何症状下突然死亡，有的患狐表现为深度昏迷、脉搏加快，服用泛酸钙30～60分钟后呼吸困难消失。对因缺乏泛酸而死亡的狐尸体剖检，观察到肝脏脂肪变质，卡他性胃肠炎，肾脏出血性变质。泛酸还会影响毛被质量，如果在冬毛生长期饲料中泛酸不足，则水貂皮毛颜色变浅，针毛灰色，稀疏粗糙。

口服（饮水、拌料）或注射3～4毫克泛酸钙均可有效治疗泛酸缺乏，如与维生素 B_2 合用，效果会更好。仔貂在生长早期需要泛酸量最大。饲料中维生素 B_{12} 含量不足以及脂肪含量高，则对泛酸需要量提高。水貂的泛酸需要量为3.6毫克/日。

240 水貂缺乏维生素 B_{12} 有哪些危害？

水貂维生素 B_{12} 缺乏症是水貂体内维生素 B_{12} 缺乏或不足而引起的代谢和功能失调的综合性疾病，临床上以贫血、生产率降低、共济失调和神经损伤为特征。日粮中谷物性饲料比例过大，长期在饲料中添加广谱抗生素、磺胺类药物，地方性缺钴均可导致本病发生。

病貂表现为消瘦，衰弱，可视黏膜苍白，消化不良，食欲丧失。幼貂发育迟缓，红细胞性贫血，呕吐，腹泻，被毛粗糙，生产率降低。病貂出现兴奋、步伐不稳、共济失调等神经症状。

预防本病要在日粮中适量增加新鲜的鱼粉、肉屑、动物肝脏、酵母等；禁止饲喂腐败变质的饲料。在母貂妊娠期可在饲料中添加维生素 B_{12}，每只每天0.1毫克。治疗本病可肌内注射维生素 B_{12}，每次0.1毫克，每日1次或隔日1次，直至症状消失。也可以同时使用氯化钴，每天1～2毫克，连用10天，停药10～15天，视病情可反复用药。直至全身症状改善消失，停止用药。

241 水貂缺乏叶酸有哪些危害？

水貂体内叶酸缺乏会引起水貂的代谢和功能失调。临床上以贫血、消化功能紊乱和毛生长障碍为特征。

长期饲喂鱼粉或豆粕时，易引起叶酸缺乏。长期应用抗生素，会影响胃肠道内正常微生物群的平衡，同样可以引起叶酸不足。

机体缺乏叶酸时，水貂表现被毛稀疏，颜色变浅，换毛不全，被毛褪色，毛绒质量低劣，毛绒生长障碍。可视黏膜苍白，贫血。体重减轻，消化紊乱，易患出血性胃肠炎。多数仔貂因贫血而死亡，血液稀薄，血红蛋白降低。

病貂每天注射 0.2 毫克叶酸，直到康复。如能同时分别注射维生素 B_{12} 和维生素 C 效果更好。在日粮中补加鲜肝和青绿饲料，或在饲料中补给叶酸添加剂，能有效预防本病。水貂繁殖期每日叶酸需要量为0.5～0.6毫克，妊娠期每日需要量为3.0毫克。

242 什么是水貂酮病？如何防治？

酮病的发生主要是由于动物机体内碳水化合物及脂肪酸的代谢发生紊乱所引起的全身性功能性失调的营养代谢性疾病。病貂多为产仔数较多的经产母貂，分窝前后发病，分窝后尤为严重。

临床症状为大部分病貂病初食欲下降或废绝，精神沉郁，此后开始衰弱，步态摇晃，盲目行走，很快四肢间歇性抽搐和痉挛，1 天左右死亡，病貂死前偏瘦。剖检可见肝脏质脆、表面红黄相间，呈花斑状；肺脏尖叶和心叶瘀血；脾脏肿大、瘀血，边缘梗死；肾脏肿大，皮质以及肾乳头出血，皮质和髓质的交界模糊不清；肠系膜淋巴结肿大、出血；胃黏膜大面积出血、溃疡；膀胱积尿。

当水貂摄入的糖不能满足机体需求的时候，游离脂肪酸就会以甘油三酯的脂肪小颗粒的形式在肝脏中沉积，从而使肝细胞逐渐发生脂肪变性，肝脏代谢功能大大降低，使脂肪酸向生酮的方向发展，从而促使酮病的发生。产仔数较多的母貂泌乳量较多，而此时能量和葡萄糖不能满足母貂泌乳的消耗，加之分窝产生的应激，使母貂的食欲下降，加重这种不平衡，造成血糖过低从而引发酮病。

因此，在养殖中应严格按照水貂在不同时期对各种营养的需求进行饲料的配制。这样既可避免饲料不必要的浪费，也可让水貂摄取足够的营养。日常饲喂时一定要注重葡萄糖和维生素的添加，夏季保证充足的饮水，减少水貂体内酮体的产生并加速酮体的排泄，降低水貂酮病的发生率。另外，生产中可在日粮中添加食盐，通过使水貂增加饮水量的方法来减少酮病的发生。

243 什么是食毛症？如何防治？

食毛症指水貂啃咬自身毛发的疾病，临床上以患病貂啃咬自身被毛，背毛缺失，绒毛变短秃，呈绵羊剪绒样，皮肤裸露为特征。多发于秋冬季，在貂群中散发。一般认为饲料营养不全或不平衡，以及饲养管理不良都能诱发本病，如硒、钴、锰、钙、磷等矿物质元素不足，含硫氨基酸、脂肪酸酸败，酸中毒，肛门腺阻塞等。另外，可能由于神经变态反应或某种恶癖所引起。

本病对水貂精神状态、食欲、繁殖均无明显影响，主要表现被毛变化。水貂突然发病，一夜将后躯被毛全部咬断，或者间断地啃咬，严重的除头颈部咬不着的地方外，其余之处都啃咬掉。常使尾部、后臀部、背部和颈部针毛缺失，只剩下平齐的短绒毛。该病多发生在换毛期或换毛后。当继发感冒或外伤感染时，可出现全身症状。由于舐食毛发而引起胃肠毛团阻塞。

应立足于综合性预防，注意日常饲养管理，特别是防止饲料单一和不新鲜，在饲料中添加微量元素铜、钴、锌、铁、锰等；饲料中补加羽毛粉、骨粉、含硫氨基酸（胱氨酸、蛋氨酸）等，具有一定效果，在泌乳期及冬毛生长期尤为重要；日粮中可以添加1%不饱和脂肪酸如亚油酸，用后4～5天见效。

244 水貂容易发生哪些中毒性疾病？

水貂容易发生的中毒性疾病主要有肉毒梭菌毒素中毒、酸败脂肪中毒、谷物霉菌毒素中毒、食盐中毒等。饲料不新鲜所造成的中毒往往是累积性的，尤其发生在妊娠期时，会造成死胎、烂胎、妊娠中止等严重损失。

245 肉毒梭菌毒素中毒会产生哪些危害？

肉毒梭菌毒素中毒是由肉毒梭菌外毒素引起的，以中枢神经系统为主的中毒病。水貂对肉毒梭菌外毒素极为敏感，一旦发病，可致全群毁灭。

根据发病急，短期内出现大批死亡，病貂从后肢开始麻痹，直至前躯、头部全身性麻痹，无可见特殊解剖学变化，即可初步确诊。对该病以预防为主，严禁使用病畜肉和腐败饲料。饲料应低温保存，室温不得超过 10℃，不要堆放过厚，加工调配好的饲料要及时喂貂，不要存放过久。屠宰和购回的饲料，要避免尘土和胃肠内容物污染，并尽快放冷库内保存。

应用抗毒素血清治疗，效果不大，故很少应用。接种肉毒梭菌类毒素效果良好，一次接种的免疫期可达 3 年之久。最常使用的是 C 型类毒素，每次每只肌内注射 1 毫升。另外，使用 C 型类毒素、病毒性肠炎和犬瘟热三联疫苗，C 型类毒素和巴氏杆菌联合疫苗，以及 C 型类毒素和伪狂犬病联合疫苗，均可收到一针预防三种或两种疾病的效果。

246 水貂食盐中毒有哪些症状？如何防治？

水貂在养殖过程中，每天每只饲喂不超过 0.5 克的食盐，可保证其生长发育对盐的要求。但是，如果饲喂的食盐过多，或是食盐在饲料中搅拌不匀，都易使水貂食盐中毒，轻则影响生长发育，严重的可造成死亡。

水貂食盐中毒后，表现为口渴、呕吐、流涎、呼吸急促、瞳孔扩散、全身无力、视黏膜呈紫色，并可伴发胃肠炎，严重的还口吐带有血丝的泡沫。也有的水貂食盐中毒后，表现为高度兴奋、运动失调、发出嘶哑的尖叫声、尾根翘起、下痢不止、体温下降。在其临死前，还会四肢痉挛，呈昏迷状。

为防止水貂食盐中毒，日粮中食盐添加一定要限量，而且在饲料中一定要拌匀。如果发现水貂有食盐中毒的症状，要立即采取相应的措施：立即让病貂饮用充足的水，还要尽可能地多喂些牛奶；接着，将病貂的喂食量减半，并停喂食盐，每天每只改喂 0.1 克碳酸氢钠；同时，对高度兴奋、焦躁不安的病貂，应使用镇静药品治疗，病情严重的还需用 5% 葡萄糖注射液，每只 10～20 毫升，皮下多点注射。

247 貂棉酚中毒有哪些症状？如何防治？

棉酚是棉籽、棉籽油和棉籽饼中所含的一种萘的衍生物，其中的游离棉酚对动物有毒性作用。水貂对棉酚十分敏感，常引发妊娠母貂流产（流产率高达 83.7%）及全身症状。棉籽中含有棉酚，其产品中同样含有游离棉酚，如棉籽饼中一般含有游离棉酚 0.04%～0.05%，若日粮中游离棉酚超过 0.02%，即会引发中毒。棉籽油也经常作为水貂饲料添加剂补给，如用量过大也会引发中毒。蛋类多作为水貂配种、妊娠和哺乳期的蛋白质饲料补给，如果补给的蛋是使用棉籽饼含量达 25%～30% 的日粮的蛋鸡所产，则会引发棉酚中毒。棉酚在动物体内有蓄积作用，可引发慢性中毒。棉酚可进入各种组织细胞，由卵、乳排出，从而引起胎儿和仔貂中毒。棉酚中毒在缺乏蛋白质、维生素、矿物质和微量元素及青饲料的情况下更易发生，且尤为严重。

病貂食欲不振，有时呕吐，结膜潮红，抽搐，间或有血便，饮欲增加。妊娠母貂腹围缩小，胎儿被吸收而不产；有的孕貂阴户流出煤焦油样或浓酱油样紫黑色黏液，有时流出腐烂残缺的胎儿；有的产下细小、发育不全的死胎；有的母貂除产下死胎外还混杂有微弱生活力的濒死胎儿。流产母貂普遍精神不振，食欲减退，轻度发热，间有抽搐和血便现象。病变为全身水肿，胸腹部皮下胶样浸润，淋巴结肿大。胃肠黏膜出血，有坏死灶；肝肿大、瘀血，质脆或散在坏死灶；心外膜有出血点；膀胱水肿、增厚，膀胱黏膜有出血点；子宫黏膜出血。

一经发现，立即停喂含棉酚的饲料（棉籽饼、棉籽油和含棉酚的蛋和乳），多喂给鲜牛奶、豆浆等。同时补给 10％葡萄糖液 10～20 毫升加维生素 C10～20 毫克，注射或灌服。本病的预防主要在于提高自身的知识水平，熟悉饲料、营养、管理等常识，尽量做到不用或少用含棉酚的产品。

248 黄曲霉毒素中毒有哪些症状？如何防治？

黄曲霉毒素，主要为黄曲霉和寄生曲霉在代谢过程中产生的有毒物质，是目前致癌性最强的化学物质之一。水貂黄曲霉中毒可使生产遭受巨大损失，死亡率达 10％～15％。

花生饼、豆饼、棉籽饼、玉米等，易受黄曲霉和寄生曲霉污染，并含有黄曲霉毒素。在气温较高、湿度较大的地区，黄曲霉毒素污染最为严重。最适宜黄曲霉和寄生曲霉繁殖的温度是 24～30℃，湿度是 80％。当饲料含水量为 20％～30％时，繁殖最快；含水量低于 12％，则不能繁殖。患貂拒食，精神沉郁，便稀，最初排出的粪便为橄榄绿色，后期呈茶色，5～8 天后死亡。哺乳母貂易发生缺乳。病理剖检可见肝、脾肿大，暗红色；肾呈淡黄褐色，肠壁薄而透明，内容物呈茶色，并有黏液。

当发现黄曲霉中毒时，立即停喂黄曲霉污染和含有黄曲霉毒素的饲料。谷物类饲料应放在干燥、温度低的地方保存。一旦发霉变质，绝对不能饲喂水貂。

249 鱼类组胺中毒有哪些症状？如何防治？

组胺是鱼体在莫根式变形杆菌、组胺无胞菌等作用下，发生蛋白质分解的产物，是组胺酸脱羧后的胺类。鱼类腐败后皆可产生组胺，尤其是一些青皮红肉的鱼类，如台巴鱼、鲭、沙丁鱼等，组胺产生的速度快、数量多。在 37℃下放置 36 小时，每 100 克青皮红肉的鱼中组胺含量可达 160～320 毫克，而每 100 克青皮白肉的鱼只产生组胺 20 毫克，每 100 克虾、甲鱼只产生 10 毫克，其他的鱼类产生得较少或不产生。

水貂对组胺较为敏感，常因饲喂变质的青皮红肉的鱼类而引起全群性水貂中毒。这种中毒类似过敏性中毒，死亡率高，不易抢救，往往给生产带来很大损失。水貂组胺中毒潜伏期短，不超过1小时，最快5分钟。中毒的严重程度视青皮红肉鱼类的变质程度及喂量而不同。

本病主要表现为神经系统机能障碍，呼吸中枢和运动中枢麻痹。患貂呼吸困难，可视黏膜发绀，瞳孔散大，鼻孔流有浆液性鼻汁。行走蹒跚，昏迷，头下垂，痉挛。有的患貂表现恶心呕吐。继而出现卡他性胃肠炎和出血性胃肠炎，粪便由黄绿色到沥青色，并有血尿。后期，后躯瘫痪，心跳加快，体温下降，最后因呼吸麻痹而死亡。剖检可见尸体营养良好，尸僵完全，可视黏膜发绀。腹腔和胸腔积有淡红色渗出液，喉头黏膜和气管黏膜充血，肺呈暗红紫色。心包有淡黄色的液体，血液凝固不良。胃肠黏膜脱落，黏膜下层水肿，有散在的出血点。肠系膜淋巴结肿大3～4倍，切面光滑、湿润，肝呈肉豆蔻色。脾脏稍肿大。肾脏黄褐色，皮质部稍肿。

确定鱼类组胺中毒后，立即除去饲料中变质的青皮红肉鱼类。病貂皮下注射10%葡萄糖10毫升，维生素C10～20毫克，青霉素20万单位。

250 什么是水貂胃肠臌胀？如何防治？

水貂胃肠膨胀多因饲料质量不良所致。胃肠臌胀是胃肠内因食物发酵急剧而蓄积多量气体的疾病，多发生于断奶前后的幼貂。水貂贪食质量不好或酸败变质饲料是引发本病的主要原因。如在夏季，剩饲料或叼入小室内的饲料未及时清除，容易发生酸败，这种酸败饲料如被幼貂吃得过多，常能引起发病。饲喂没有蒸熟的谷物饲料或未加热处理的活菌酵母，也能引起胃肠臌胀。此外，本病也能继发于慢性胃肠炎，继发性胃扩张主要见于伪狂犬病（又称为阿氏病）。

水貂在食后数小时内立即出现腹围增大，腹壁紧张性增高。病貂不活动，后期出现呼吸困难，可视黏膜发绀，常引起胃破裂和窒息。剖检可见胃容积增大，胃壁变薄，内含大量气体和酸臭味的饲料块。胃黏膜出血，并有大量黏液。肠内发生轻微膨胀和卡他性炎症。

为降低胃内发酵，可投 5％乳酸溶液 3～5 毫升，一次口服；土霉素 0.05 克，活性炭 0.5 克，一次口服，每日 2 次；萨罗0.05～0.1克，乳酶生 1 克，一次口服，每日 2 次；5％乳酸溶液3～5毫升，氧化镁 0.2～0.5 克，水杨酸酯 0.1～0.2 克，新生霉素 0.3 克，一次口服。必要时可实行穿刺术，用注射针头刺入胃壁，使气体缓慢放出，同时注入青霉素 10 万单位，术后 24 小时内禁食。

严格执行饲喂定量制度，把好饲料质量关，饲料中不准加入生酵母和质量不好的饲料。对窝箱经常打扫，不留残食。改变饲喂次数，最初一次应减少食量，以后逐步增加。仔貂及时分开单养。利用碳水化合物饲料如淀粉等，不得加入野果和水果。

251 水貂发生胃肠炎的原因是什么？如何防治？

胃肠炎是胃肠黏膜及其深层组织的炎症，致使胃肠的运动和分泌机能发生障碍，是水貂的常见病之一。本病在临床上分为原发性胃肠炎和继发性胃肠炎。胃肠炎主要是因饲养管理不当而引起的。如饲喂腐败变质饲料；突然改变饲料而又过量饲喂；残存饲料未及时清除；日粮中的谷物、蔬菜或动物脂肪比例不当；小室内潮湿；受风寒侵袭等都能引起胃肠炎的发生。某些传染病，如大肠杆菌病、沙门氏菌病、犬瘟热、病毒性肠炎，以及中毒病能继发胃肠炎。

一般胃肠炎表现为食欲减退，精神不振，不愿活动，爱喝水，有时呕吐。病貂腹泻，排出黏稠的胶冻样灰白色、黄色或绿色粪便。后期食欲废绝，精神沉郁，拱腰蜷缩，衰弱无力。粪便呈液状，有时带血。末期体温下降，后躯瘫痪，极度衰弱，呈昏睡状态。仔貂发病时排出淡灰色、浅褐色含有黏液的稀便，在粪便内常见尚未消化的饲料残渣。病程长时，发育停滞，贫血，被毛弯曲，失去光泽，常发生脱肛。出血性胃肠炎，病情较重，胃肠黏膜出血，排出煤焦油状血便，精神沉郁，发烧，拒食，鼻镜干燥，死亡率高。

禁喂酸败变质饲料，保持笼舍、食具卫生。更换饲料应逐步进行，不能突然改变。谷物、蔬菜和脂肪在日粮中的比例应适当。当水貂发病数量较多时，应首先采取食饵疗法，酌情减少原饲料量，给以新鲜、优质、适口、易消化的饲料，随着病情的好转，逐步恢复正常。对病貂应采用如下方法治疗。

①胃蛋白酶 0.5 克，维生素 B_1 5～10 毫克，合霉素 0.1 克，用蜜调制一次内服。

②磺胺脒 0.2 克，炭末 0.2 克，龙胆 0.1 克，用蜜调制一次内服。

③合霉素 0.2 克，复合维生素 B 0.1 克，一次内服。

④链霉素 10 万单位，多维糖 0.5 克，一次内服。

⑤合霉素 0.05 克，胃蛋白酶 0.25 克，多维糖 0.5 克，仔貂一次内服。

⑥20％葡萄糖 20～50 毫升，维生素 C 10 毫克，一次皮下多点注射。

严格实行饲料卫生监督，不用发霉变质和不洁饲料喂貂，保证有清洁饮水。

252 什么是水貂霉菌病（真菌性皮肤病）？如何防治？

水貂霉菌病是真菌性皮肤病，具有很强的传染性，主要通过接触传染，也可通过被污染的用具、笼舍、吸血昆虫虱、蚤、蝇、螨等传播。

在改善饲养管理条件的基础上，积极做好病貂的治疗工作。发病后可将病貂局部残存的被毛、鳞屑、痂皮剪除，用肥皂水洗净，涂以酮康唑软膏、克霉唑或达克宁软膏等消炎类软膏。在局部治疗的同时，可内服埃他康唑，每日每千克体重 25 毫克，连服 1 周，直至痊愈。口服灰黄霉素和两性霉素 B 也有一定效果。

253 水貂会患感冒吗？

感冒主要是上呼吸道黏膜表层炎症，为水貂常见多发病。因被侵害部位不同，分鼻炎、喉头炎、气管炎等。感冒多是由寒冷刺激引起的，初春、晚秋、冬季多发。气候突然变化，冷风、雨、雪侵袭，小室内垫草过少或潮湿，小室保温不好等均能引起感冒。运输途中被雨水或饮水弄湿了毛而引起感冒也较常见。

多数表现为鼻黏膜发炎，病貂流出浆液、黏液性鼻汁，两眼流泪，鼻镜干燥。食欲减退或拒食，精神萎靡，有时咳嗽，呼吸浅表急促，有的呕吐，体温稍高或正常。

要经常检查小室内垫草，发现潮湿或不足时，应及时更换或补充。夏天要防止笼箱被雨淋，遇有风雪天气，笼箱周围要有挡风设备。在运输途中，不能给水过多，防止水貂玩水弄湿毛绒。治疗可用安痛定 0.5 毫升，维生素 B_1 1 毫升，分别肌内注射，每日 2 次；百尔定 0.5～1 毫升，每日 1 次，肌内注射；安痛定 1 片，葡萄糖粉 1 克，研碎拌匀蜜调后，分 3 次口服，每日 2 次；为预防继发感染，可用青霉素 10 万～20 万单位，维生素 B_1 0.5～1 毫升，分别肌内注射；土霉素 20 万～30 万单位，一次口服。也可用中草药治疗，桂枝 10 克、白芍 10 克、干姜 6 克、白芷 10 克、炙甘草 3 克、大枣 3 枚（4 只貂 1 日量），水煎 10 分钟后，去渣用汁，适量加入饲料中或用有气门芯的注射器直接滴入口内。

254 什么是水貂脑水肿病？

脑水肿又称大头病，见于新生仔貂。其特点是后脑显著肿大，不能治愈，转归死亡。本病是由一种劣性致死性基因结合时引起的遗传性疾病。单方具有此基因者，可以隐性方式遗传给下一代，使这种基因长期遗传下去。

常在检查仔貂时发现，典型症状为大头，仔细检查发现后脑盖骨肿大、明显突出如鹅头状。触摸肿胀部分柔软，有波动感。病貂精神萎靡不振，日渐消瘦，吸乳能力弱，很快死亡。

患有脑水肿的仔貂毫无饲养价值，应立即淘汰。为防止本病发生，不仅应淘汰有病仔貂，而且对生有脑水肿病仔貂的公貂和母貂也一律养到取皮期取皮，不留作种用。只有这样，才能制止本病发生。

255 什么是日射病？

日射病是水貂头部，特别是延髓或头盖部受烈日照射过久，脑及脑膜充血而引起的疾病。炎热的夏季，若貂舍遮光不完善或没有遮光设备，烈日照射头部和躯体过久，易引发日射病。此病多发于夏日中午 12：00—15：00。病貂突然发病，精神沉郁，步法摇摆及晕厥，有的发生呕吐，头震颤，呼吸困难，全身痉挛尖叫，最后在昏迷状态下死亡。

尸体营养状态良好。脑及脑膜血管充盈，高度充血和水肿，脑切开有出血点或出血灶。胸膜腔比较干燥，充血，瘀血。肺充血。心扩张。有的出现肺水肿。肝、脾、肾充血、瘀血，个别的有出血点。

发生本病时，应将病貂移至凉爽、通风良好的地方，并迅速采取降温措施，如对头部施行冷敷或冷水灌肠。对心脏功能不全的水貂，可肌内注射维他康 0.2～0.3 毫升，皮下注射 20％葡萄糖 10～20 毫升，分多点注射。发病地点实施降温措施，如往地上或貂笼上喷凉水降温。进入盛夏后，貂场内中午应由专人值班进行降温防暑喷水，保证饮水，受光直射的部位要做好遮光。

256 什么是热射病？

热射病是水貂暴露在高温、湿热、空气不流通的环境下，体热散发不出去，在体内蓄积引起的疾病。临床上以体温升高、循环衰竭、呼吸困难、中枢神经系统功能紊乱为特征。此病多发于长途车、船、飞机运输，小气候闷热、空气不流通的笼舍或产箱内。

病貂体温升高，呼吸困难，组织乏氧，可视黏膜发绀，流涎，口咬笼网张嘴而死。接近分窝断奶时，由于产箱内湿热，母仔同时死在箱内。

发现本病应立即把病貂散至通风阴凉处，同时采取强心、镇静措施。长途运输种貂要由专人押运，及时通风换气。天热时，饲养员要经常检查产仔多的笼舍和产箱，必要时把小室盖打开，盖上铁丝网通风换气以防闷死，产箱内垫草要经常打扫更换。炎热的晚上要把貂驱赶起来适当运动，通风换气。当心脏功能不全时，应注射维他康 0.2～0.3 毫升，皮下注射 20％葡萄糖 10～20 毫升。

（六）常见病的诊断与治疗

257 水貂腹泻的原因有哪些？

很多疾病都可以导致水貂发生腹泻，如细小病毒性肠炎、冠状病毒性肠炎、细菌性肠炎、氧化酸败脂肪所致肠炎、仔貂消化不良等，需要确诊后有针对性地治疗。

（1）细小病毒性肠炎

细小病毒性肠炎是由细小病毒引起的接触性传染病。病貂表现消化系统极度紊乱，呈现高热、呕吐、迅速消瘦和脱水，腹泻严重，多数排粉红色或黄色稀便，便中有脱落的肠黏膜，即所谓的套管状稀便。本病发病率和死亡率较高。

（2）冠状病毒性肠炎

冠状病毒性肠炎是由冠状病毒引起的病毒性肠炎。本病发病率高，死亡率较低。成年貂和育成貂均可发病。病貂食欲不振、精神萎靡、呕吐、腹泻、口渴、饮水量增加，排灰白色、绿色乃至粉黄色黏液状稀便，没有明显套管样稀便。一般体温不高，腹泻严重的病貂，往往脱水自身中毒死亡。

（3）细菌性肠炎

细菌性肠炎是由大肠杆菌引起的疾病。仔貂断乳后由于饲料转换消化道不适应，卫生不良、饲料变质、应激反应（如低温多雨、异常高热等）等都能导致大肠杆菌的外源性和内源性感染而发生腹泻。病貂食欲下降或废绝，粪便呈黄色、灰白色或暗灰色，并混有黏液，持续性腹泻。重度病例，引起排便失禁。

（4）脂肪氧化酸败所致肠炎

本病一般是由于饲料中含有不新鲜的动物脂肪或添加含脂肪过多的鸡架、鸭架造成的。育成期和成年貂都可发病。有时大群同时发病，如果添加量不大，可造成散发。用抗生素治疗无效。调换饲料后可自愈，病貂死亡率不高。病貂表现食欲不振，精神萎靡，口渴，腹泻，排灰白色黏液状稀便。

（5）仔貂消化不良

仔貂消化不良的特征是排黄色粪便。主要是由于窝室内垫草不足、潮湿、不卫生，污染了母貂的乳头而引发本病。乳汁在仔貂肠道内异常发酵，刺激肠蠕动加快引发下痢。仔貂腹痛不安，吱吱作声，排出消化不完全的稀便，便呈灰黄色、含有气泡，肛门被稀便污染。一般发生于出生后1周龄以内的仔貂。本病具有局部发生的特点。

258 水貂断奶前出现排黄色粪便是什么原因？

消化不良可导致仔貂排黄色粪便，也称黄色腹泻。本病具有局部发生的特点，即在个别窝发生。死亡率较低，多数转归痊愈，但发育不良的仔貂可能成为僵貂。可采取通过母貂乳汁给药方式治疗，在母貂饲料中添加黄连素。

259 开始采食的仔貂粪便不正常、呈白色是什么原因？

由于肠炎、消化不良所致。调整饲料，可在饲料中添加益生素、酵母片或乳酸菌素片；注意环境卫生，还可以用庆大霉素、吡哌酸或磺胺脒等药物。

260 水貂排黑色粪便的原因是什么？如何防治？

水貂排"黑油状"粪便是一种病理表现，是消化道前段（胃和小肠）出血与胆汁、胃内容物混合而成。传染病（如亚急性犬瘟热、细小病毒性肠炎、水貂阿留申病)、寄生虫病(如球虫病、附红细胞体病等)、饲料中脂肪酸败等均可引起水貂发生胃肠出血,排出黑色粪便。这种临床症状的表现形式不一,有的水貂状态很好,精神状态、体温正常,采食也很好,但在捕捉、天气骤变等应激状态下突然死亡;有的水貂呈慢性经过,表现为渐进性消瘦,最终衰竭而死。针对不同的病因,采取不同的防治措施。细小病毒感染以接种疫苗预防为主,症状轻微者注射硫酸庆大霉素有一定疗效。阿留申病、魏氏梭菌病也会使水貂产生黑焦油色粪便,肚子胀气,口服土霉素、庆大霉素、卡那霉素有一定效果。

(1)预防

犬瘟热和细小病毒性肠炎等传染病易发区,每次接种疫苗时适当加量,并间隔15~20天加免一次。水貂阿留申病易发的养殖场,建议进行电泳试验检测,对阳性者淘汰。定期驱虫,磺胺二甲氧嘧啶和土霉素混合使用。采用优质饲料原料,并加强保存管理,防止霉变。发现原料不新鲜时,要及时加工处理,并增加维生素E、维生素C和葡萄糖的用量。

(2)治疗

每千克体重土霉素40毫升,磺胺二甲氧嘧啶每千克体重200毫升,维生素K_3每千克体重8毫升,混合拌料连用5天。每天每只10%葡萄糖10毫升,维生素$K_3$1毫升,5%维生素C 2毫升,混合皮下分点注射。对确定由传染病引起的病例,可紧急接种疫苗,加倍口服维生素C和黄芪多糖。注射疫苗4天后,口服7天加味郁金散(主要成分为陈皮、郁金、元胡等)。

261 水貂的粪便呈肉状是什么原因?

粪便呈肉状通常为黏膜脱落、有黏液,多为由大肠杆菌引起的水貂肠炎。

262 如何根据粪便的状态分析水貂的健康状况?

正常水貂的粪便呈圆柱状,表面光滑。如果粪便稀软甚至水样，表明肠道消化机能障碍、蠕动加强，见于肠炎等。粪便硬固或粪球干小，表明肠道运动机能减退，肠内容物移动缓慢，水分大量被吸收，见于便秘初期。肉食动物的粪便具有强烈的臭味，如具有难闻的酸臭味或腐败臭、腥臭味等，则为肠内容物强烈发酵和腐败所致，见于胃肠炎、消化不良等。粪便中混有大量胶冻状黏液和假膜，见于假膜性与坏死性肠炎；粪便中混有脓汁，见于化脓性肠炎；粪便中含有多量未消化食物等，见于消化不良疾病；粪便中混有虫体，见于胃肠道寄生虫。

263 如何根据粪便的颜色判断水貂的健康状况？

异常粪便颜色有黄色、绿色、白色、红色和黑色。从一开始排黄色的粪便，然后逐渐转化成红色、白色的粪便，之后排黑色的稀粪，逐渐引起死亡。

（1）黄色

食物消化不良，肠道吸收差，部分没有消化好的食物直接排出体外。

（2）绿色

肠道内容物排空，腹泻物主要成分是水和胆汁。由于胆汁是绿色的，因而排出的稀粪也是绿色的。当食物酸性较强时，在肠道细菌的作用下，部分胆红素转变为胆绿素而使粪便呈绿色。日粮中掺入大量的蔬菜也可使粪便呈绿色。

（3）白色

由于前期肠道的腹泻，致小肠内的渗透压降低，绒毛上皮细胞坏死、脱落呈现白色。因此，在粪便中伴有大量白色的坏死细胞而呈现白色。阻塞性黄疸时，由于粪胆素减少，粪呈灰白色。当患有肝炎或各种原因引起的胆道阻塞时，粪便呈白陶土色。

（4）红色

病情进一步加剧，肠道内绒毛膜上的毛细血管开始破裂，由于大肠内毛细血管距离肛门很近，所以直接排出体外的粪便表现为红色或者淡红色。如犬瘟热和细小病毒病引起的严重腹泻并可能并发肠套叠等肠道坏死、溃疡、出血和肛裂，粪便呈现红色。另外，日粮中掺入胡萝卜、番茄等带有色素的食物也可使粪便变红。

（5）黑色

前部肠道（多见胃和十二指肠）内毛细血管破裂出血，由于要经过一定时间才排出体外，因此粪便呈褐色或黑色。食入含铁较多的日粮也可使粪便呈黑色。

粪便特点与可能的病因参见表 9-2。

表 9-2　粪便特点与可能的病因

症　　状	粪便的特点
病毒性肠炎	含有血液的黏性白绿、乳白色套管样粪便
食物中毒	带绿色的黏液性粪便
饥饿（运输后等）	绿黄色粪便
6 周龄内幼貂的单纯腹泻	黄色粪便
食盐缺乏（哺乳过多）	黑色煤焦油样粪便
阿留申病	黑色煤焦油样粪便
饥饿（有食欲）	少量的黑色煤焦油样粪便，略带绿色
缺乏维生素 K	一般为黑色，有时是赤褐色
球虫病	最初柔软，呈现黑色，后来便呈现血色或枣红色
出血性胃肠炎	黑色煤焦油样粪便
卡他性肠炎	粪便稀软呈灰白色，常见到消化不完全的凝乳块和饲料残渣
不明原因的灰色粪便	黄灰色的稀粪，饲料没有被消化，脂肪完全不能被消化

治疗肠道问题一般选用口服庆大霉素、卡那霉素、大观霉素、阿莫西林、氟苯尼考、磺胺脒、新诺明、沙星类、中药穿心莲等，具体用量根据所用产品药物成分有效含量不同而有所差异，应根据产品说明使用。治疗时，需对症下药，如果粪便呈绿或黄色，可用益生菌等调理肠道；粪便呈白色或红色，需用药物治疗；出现煤焦

油色粪便，一般认为无治疗价值，治疗时可投药配合葡萄糖注射液及止血敏救治。

264 妊娠母貂出现饮水量增加、采食量下降、粪便发干等症状是什么原因？如何治疗？

母貂临产前一般有1~2顿少食或不食，粪便由长条状转为短条状，这是正常现象。如果长时间而且大群出现这种情况，则要怀疑饲料中的钙、磷比例失衡，可在日粮中添加磷酸氢钙。在日粮中投放酵母、食母生或大黄苏打片调整肠胃功能。必要时可以采用庆大霉素进行药物治疗。

265 幼貂出现被毛油样渗出是什么原因？如何治疗？

本病俗称"黏窝病"或"黏仔病"。病因是产箱内不清洁；仔貂食用母貂叼回产箱内的饲料；母貂患有乳房炎哺乳仔貂而引起仔貂腹泻，腹泻后的粪便由于清理不及时而黏附在仔貂被毛上，母貂为了清洁仔貂身上的黏附物而舔舐仔貂，从而造成仔貂被毛油样渗出。

建议母貂和仔貂同治，使用氧氟沙星、恩诺沙星或者氨苄西林等抗菌药物给仔貂滴服，好转后再给仔貂灌服益生菌。生产上也有人建议每只小貂肌内注射 B_{12}，每天1~2次，每次1毫升，另投喂一片复合维生素B。

266 哪些疾病会出现胃肠出血症状？

病毒性肠炎、犬瘟热等病毒感染；水貂魏氏梭菌、沙门氏菌、大肠杆菌等细菌感染；饲料腐败变质以及饲料中毒均可导致水貂胃肠出血。

267 治疗消化道疾病常用的药物有哪些？

①抗菌消炎药，有庆大霉素、卡那霉素、恩诺沙星、氯霉素、

链霉素、磺胺、黄连素、穿心莲、拜有利、土霉素、链霉素。

②健胃助消化药，有胃蛋白酶、胃酶生（益生素）、维生素 B_1、活胃素。

③收敛止泻药，有炭粉、鞣酸蛋白。

④止吐药，有维生素 B_6、爱茂儿、胃复安、氯丙嗪、阿托品、胃得宁。

⑤消化道止血药，有维生素 K_3、止血敏、仙鹤草素。

⑥消化道驱虫药，有通灭、净灭、伊维菌素、肠虫清。

⑦消沫药，有豆油或其他植物油。

⑧制酵药，有鱼石脂等。

268 水貂尿结石是什么原因导致的？

尿结石是肾脏、膀胱及尿道内出现矿物质沉着的一种疾病，是普通病中发病率和死亡率较高的疾病之一，多在幼貂断奶初期发生，公貂多于母貂。饲料中矿物质饲料含量过高，日粮中维生素含量不足，特别是缺乏维生素 A，日粮中维生素 D 含量过多，饲料酸碱不平衡和胶体理化性状破坏，细菌尿路感染等均可导致尿结石。

患病初期无任何症状，随病程进展，病貂表现不安，频频作排尿动作，但尿量少，有的尿液淋漓，不随意排尿，后躯被毛浸湿，膀胱大，触摸敏感。剖检要可见在肾、膀胱、输尿管内常有大小和数量不等的结石，呈圆形或椭圆形，数量一到数十块，小如粟粒，大如指头大。结石质坚硬，周围有炎症变化，常有出血和溃疡。尿液混浊，有时为血尿。分析表明，结石大多为镁和磷酸钙盐沉着。

尿结石早期不易被发现，晚期病例治疗困难，故应以预防为主。要保证足够饮水，并在饲料中加入氯化铵或加入磷酸以控制尿液的酸碱度。氯化铵按成年貂每天每只 0.1～0.3 克（4 月初至 5 月末），幼貂每天每只 0.1～0.2 克（6 月初至 7 月末），混入饲料中全群服用；或 20% 氯化铵，每只貂 1～2 毫升，混于饲料，连服 3～5 次，停药 3～5 天，再投 3～5 天；维生素 A 对尿结石有预防作用，按每日每只貂鱼肝油 1 毫升投喂。治疗小的结石，可采用乌洛托品 0.2 克，氨苯磺胺 0.1～0.2 克，萨罗 0.2～0.3 克，碳酸氢钠 0.2～0.3 克，混合后加入饲料中，一次喂食，每日一次。

269 尿结石、膀胱结石是否与蛋白质过剩有关？

有关系，日粮中蛋白质水平过高尤其是氨基酸不平衡时易引发结石。

270 尿湿症的病因是什么？如何防治？

水貂尿湿症因水貂腹部绒毛被尿液浸润而得名。尿湿症不是独立的疾病，仅是一种症状，许多疾病都可导致尿湿症的发生，如尿结石、尿路感染、膀胱和阴茎麻痹、后肢麻痹、黄脂肪病，以及传染病的后期。该病多侵袭 40～60 日龄幼貂，通常成批或成窝发病。临床上公貂易出现尿湿症，表现排尿不直射，呈淋漓状，病貂会阴部、下腹部及后肢被毛被严重浸湿，长时间不愈，会阴部皮肤发红、变硬并出现湿疹甚至溃烂化脓，如不及时治疗会引起死亡。依据会阴和下腹部毛被尿浸湿而持续不愈即可作出诊断。除掉病因是治疗的根本措施。使用恩诺沙星、氨苄青霉素控制感染，每日用双氧水或高锰酸钾液清洗患部。

治疗时，首先增加优质饲料的供给，增加乳、蛋、酵母、鱼、鱼肝油等的喂量。清除患部皮肤上一切污物，剪除粘一起的被毛，用温开水或有收敛、消毒作用的 1%～2% 鞣酸、3% 硼酸溶液洗涤；然后涂 3%～5% 龙胆紫、5% 美蓝溶液、2% 硝酸银溶液，或撒氧化锌滑石粉（1∶1）、碘仿鞣酸粉（1∶9）等以防腐、收敛和制止渗出。随着渗出减少，可涂氧化锌软膏等。用抗生素和维生素治疗，能收到良好效果。青霉素 10 万～20 万单位，维生素 E 0.5 毫升，一次肌内注射，每日 1 次；维生素 B_1 1 毫升，维生素 E 0.3～0.5 毫升，一次肌内注射，每日 1 次；土霉素 0.1 克，维生素 B_1 5～10 毫克，混合一次口服，每日 2 次；四环素 0.05～0.1 克，口服，每日 2 次。

预防本病应对哺乳期的母貂和断奶的幼貂加强饲养管理，从日粮中排除质量差和腐败及含脂肪多的原料。给予清洁饮水，适量补喂维生素 D。病貂要隔离饲养，加强护理，对吸乳能力差的幼貂实行人工哺乳或补饲，随时清理小室，勤换垫草。

271 水貂发生膀胱炎的原因是什么？如何防治？

膀胱炎是膀胱黏膜或黏膜下层组织所发生的炎症。细菌感染是发病的主要原因，如大肠杆菌、链球菌、葡萄球菌等，这些细菌通过血液、尿液和尿道侵入膀胱而引起黏膜发炎。结石、毒物损害膀胱黏膜也可继发膀胱炎。感冒和邻近器官炎症（肾盂肾炎、子宫炎、尿道炎、腹膜炎等）的蔓延，也可导致膀胱黏膜发炎。

由于膀胱黏膜不断地受到刺激，病貂尿频，常作排尿姿势，但每次仅排出少量尿液，尿道外口附近及腹部往往被尿液浸湿。病貂精神不安，食欲减退甚至拒食，体温稍高。尿液混浊，呈微红色或稍带白色，尿中混有蛋白质、黏液及上皮细胞等，呈中性或碱性。应经常保持笼舍、食具卫生，发生尿道炎等疾病时应及时治疗，防止感染和继发膀胱炎。对病貂禁喂刺激性饲料，多饮水，给予优质、适口性好、易消化的饲料。治疗用青霉素 10 万～20 万单位肌内注射，直到痊愈，效果良好。也可同时用乌洛托品 0.2～0.3 克，以蜜调后口服，每日 2 次。

272 未开食仔貂出现大肚子的原因是什么？

本病以出生 5～7 天后的仔貂比较常见，5 天前仔貂在吃奶、排泄等方面基本正常，5 天以后逐渐出现下腹部鼓起，鼓起部分皮肤发亮容易造成吃奶过多的假象。解剖可见肝脏、肺、胃、肠道基本正常，但膀胱充盈，充满尿液，并且尿液清亮。膀胱比正常的大 2～3 倍，其余部位无任何变化。此病为葡萄球菌造成的尿道感染。

本病病因比较复杂，产箱内的卫生状况不好，容易造成仔貂感染；有一部分母貂母性较差，不能及时吃掉仔貂排出的粪便，致使产箱内污染严重也会导致发病。仔貂一般需要母貂的舔食刺激才能排泄。有的母貂母性较差，会对仔貂的排泄有一定影响。

该病可以通过母貂给药，哺乳仔貂通过吃奶实现对此病的预防。对于已经发病的仔貂，除通过母貂给药外，还可以用5％的葡萄糖稀释氨苄青霉素或者头孢对仔貂经口投药，每天2～3次，也可以起到一定效果，一般连用5～7天基本可以康复。此病最重要的还是靠预防，搞好产箱内卫生是控制此病的关键，并注意保暖。

273 水貂泌尿系统常用药物有哪些？

常用的药物有拜有利、青霉素、庆大霉素、阿莫西林、诺氟沙星、环丙沙星和小诺霉素等。

274 水貂的出血性肺炎都是由绿脓杆菌引起的吗？

出血性肺炎是肺弥漫性出血的总称。细菌、病毒、支原体等感染均能引起水貂肺出血。各地流行的水貂出血性肺炎有绿脓杆菌单独感染、绿脓杆菌和其他细菌混合感染、细菌单独或混合感染、支原体或病毒感染4种形式。绿脓杆菌感染的发病率较高，但也不能忽视克雷伯氏菌感染及水貂患犬瘟热引发的出血性肺炎。

275 水貂肺炎有哪些种类？如何治疗？

肺炎在临床上以卡他性肺炎和格鲁布性肺炎为常见。卡他性肺炎是因个别肺小叶或小叶群的肺泡内蓄积上皮细胞和渗出物而致病，因此又称小叶性肺炎。格鲁布性肺炎又称大叶性肺炎，见于某些传染病如巴氏杆菌病、兔热病等的过程中。

肺炎一般继发于支气管炎。如天气突变、寒风侵袭、垫草潮湿，淋湿被毛而致水貂受寒感冒，是发病的重要原因。烟、尘埃及其他药物的刺激，饲养管理不良，营养不足，体质虚弱，抵抗力下降等均能引起发病。某些传染病如巴氏杆菌病、犬瘟热等也能继发肺炎。初期呈现感冒症状，继而呼吸促迫，体温稍高，有时咳嗽，从鼻孔流出水样或黏性、脓性黏液，听诊肺泡音减弱或消失。病貂精神沉郁，食欲废绝，鼻镜干燥，逐渐消瘦。伴发胸膜炎时，体温升高。

保持良好的饲养管理条件，笼舍要清洁干燥，做好防寒保温工作，防止感冒和受寒。对患感冒病貂应及时治疗，以防继发肺炎。对病貂要精心护理，保持安静，喂给优质饲料，增强抗病力。治疗用以下药物：青霉素 10 万～20 万单位，每日 2 次，肌内注射，连用 2～3 天后改为每日 1 次，同时注射维生素 B_1 1 毫升；土霉素 0.05～0.1 克口服，每日 2 次；20%磺胺嘧啶钠注射液 0.5～1 毫升，每日 1 次，肌内注射；对拒食的病貂用 5%～10%葡萄糖液 10～20 毫升，维生素 C 0.5～1 毫升，复合维生素 B 0.5～1 毫升，一次分点皮下注射；心脏衰弱时，用维他康 0.5 毫升，一次肌内注射。

276 水貂呼吸道疾病常用的药物有哪些？

常用抗菌药物有青霉素、麦迪霉素、乳酸环丙沙星、氧氟沙星、氟苯尼考、复方新诺明、磺胺嘧啶、板蓝根、大青叶。有条件时，应根据药敏试验结果选择合适的药物。

277 水貂妊娠期和哺乳期可以使用磺胺类药物吗？

磺胺类药物是水貂养殖中的一种常用药物。磺胺类药物主要作用于动物上呼吸道、消化道和泌尿系统，并能穿过血脑屏障，清理脑中的感染，口服吸收率达 90%，血液浓度达 80%。磺胺类药物主要是抑制细菌繁殖，治疗巴氏杆菌病、大肠杆菌病、葡萄球菌病、伤寒败血症杆菌病等，对金色葡萄球菌、溶血性链球菌、脑膜炎球菌、志贺菌属产气杆菌及变形杆菌等有良好抗菌活性，对球虫、副伤寒杆菌、鼻炎波氏杆菌、绿脓杆菌也有较强的抑制作用，特别是对母貂尿道感染有较好的抑菌作用。由于磺胺类药物吸收进入血液后能迅速分布到全身组织及体液，所以可用于预防全身感染。水貂繁殖期要特别注意磺胺类药物的使用，避免其影响胚胎的生长发育。磺胺类药物的吸收和代谢方式虽在肝脏，但因为经肾脏排泄，能影响子宫雌性激素分泌，影响泌乳功能，因此对配种后怀孕母貂、产仔哺育期母貂慎用磺胺类药物。

在妊娠期内，调整饲料营养水平，保证饲料鲜全价，貂群保持健康情况下不建议使用任何抗生素。

278 什么是产后败血症？如何防治？

产后败血症是由于水貂产后或流产后生殖器官受到损害，感染细菌并侵入血液引起的全身性急性感染。病因可能是由于助产不当或难产时损伤了产道黏膜；胎衣不下、子宫复旧不全等使局部出现炎症。另外，母貂产后抗病能力降低，也是本病发生的重要因素。

该病在发病后因机体情况不同而表现出不同症状。有的表现为最急性，体温升高，呼吸困难，心跳加快，突然拒食。如不及时抢救，很快死亡。有的产后随着细菌和毒素不断进入血液而症状逐渐加重，精神沉郁，采食减少，躺卧不动，呼吸浅而快，心跳微弱，体温升高，严寒战栗，耳及四肢发凉。继而拒绝采食，饮欲增加，口腔黏膜和眼结膜黄染。腹泻并带有血液，排粪时表现痛苦。阴道中排出灰褐色有恶臭的液体，腹壁触诊紧张而敏感；阴道检查黏膜干燥、肿胀，在损伤病灶上覆盖有恶臭分泌物。

预防本病要对产箱进行严格消毒；助产人员和使用的器械要严格消毒。分娩过程中如损伤产道，应及时治疗，避免造成细菌感染。母貂产后要加强护理，注意观察，一旦发现病貂，要清除局部感染，涂布青霉素软膏。禁止按摩和冲洗子宫，以防感染扩散。选用土霉素、泰乐菌素、红霉素、四环素等进行注射，配合补液和使用维生素C，每天1次。

279 母貂产仔后是否有必要使用抗生素？

有些养殖户担心产仔后母貂患乳房炎或产后子宫炎症，会全群使用抗生素，这是没有必要的，因为动物在正常分娩情况下不会被感染，但如果个别母貂状况不好，可单独用药。

280 母貂患乳房炎的原因是什么？如何防治？

仔貂咬破母貂乳头，造成外伤性感染；貂舍垫草不洁引发乳房炎；母貂乳腺发达，泌乳量大，仔貂吮乳力不强或仔貂死亡，致使过多的乳汁长期积蓄于乳房内，造成瘀滞性乳房炎。母貂患乳房炎后不愿护理仔貂，常停留在运动场上，仔貂由于得不到足够的乳汁而会发出不正常的叫声。若检查乳房，可发现乳房红肿、结块、发热，乳头或乳房被咬破，个别的则会破溃。

治疗母貂的乳房炎要根据不同的病情采取不同的措施。一般情况下要用青霉素20万～30万单位，每日2～3次，肌内注射；也可视病情酌情掌握剂量及注射次数。对未破溃化脓的可进行热敷治疗，用温热的0.3%雷佛奴尔溶液浸湿纱布后敷在乳房上进行按摩，每日2次；对已化脓破溃的不能进行热敷，要用0.3%雷佛奴尔溶液洗净创面，并涂油质青霉素。仔貂30日龄后，可进行分窝。

281 水貂常见的皮肤病有哪些？

水貂常见的皮肤病主要有由螨虫和真菌感染而引起的螨病和癣病。一旦发现螨病、癣病，应迅速隔离病貂，处死无治疗价值的病貂，严防病原扩散。轻症者用药物及时治疗，同时还应对环境严加消毒，防止继发感染。

282 仔貂皮肤湿疹病如何防治？

仔貂皮肤湿疹病可造成背腹部和后肢内侧皮肤出现浸渍和炎症，重者皮肤溃烂。该病多发于仔貂分窝断奶之前和一笼多养的貂群之中，常引起仔貂生长发育迟缓，甚至死亡。主要病因是产箱内卫生不好，小室内粪便积聚，浸渍脚爪，导致皮肤发炎、溃烂。皮肤受到各种刺激，如粪便沾污、冷热刺激、日光照射、药物或毒物侵蚀、昆虫咬伤、创伤分泌物污染、细菌感染等。此外，消化机能紊乱、新陈代谢、神经调节机能与分泌机能障碍、肝肾疾病等也常引起本病。

一般经过红斑、丘疹、水疱、脓疱、结痂、脱屑几个时期，并且反复发作。红斑期局部皮肤充血、浸润并轻微肿胀、发红，指压褪色；进而皮肤乳头层发炎浸润，乳头肿胀，皮肤表面出现小结节，指压有硬感，即丘疹期；乳头层浆液浸润逐渐增多，表皮层下蓄积透明渗出液，形成水疱；水疱感染化脓，形成脓疱或糜烂；以后结痂、脱屑而痊愈。

本病的发生有着明显的季节性，一般从5月中下旬开始，闷热潮湿天气发病率高。本病主要侵害哺乳仔貂。根据发病特点及流行特点不难诊断此病。

保持笼舍干净卫生。定期更换干净、舒适、柔软的垫草，及时清除粪便等污染物。保持舍内空气流通。5月下旬后打开窝箱上盖，保持舍内空气清洁、干燥，可大大降低该病的发生概率。新生仔貂皮肤稚嫩，抵抗力弱，很容易受到损伤而增加发病率，可在母貂饲料内添加鱼肝油、维生素C等，以增加抵抗力。

经常用0.5%百毒杀对笼舍和垫料进行消毒，待舍内风干后即可把仔貂放回舍内。加强饲养管理，应用质量较好的饲料添加剂与多种维生素，以提高水貂皮肤黏膜的抗病力及修复能力。对于皮肤已经有渗出性皮炎的仔貂，要及时用20℃左右的温水洗净擦干后放回笼舍，防止母貂啃咬，加重病情。中药搽剂：苦参100克、地肤子50克、黄柏50克、蛇床子50克、花椒25克、白矾25克。以每毫升含药1克的调配标准，水煎后涂搽患部，每日2次。重症仔貂可配合皮炎平或复方醋酸地塞米松软膏等局部涂搽，可加速病貂康复。

283 导致水貂出现皮肤溃疡的原因是什么？

疖和痈是皮肤溃疡的主要原因。葡萄球菌感染了单个毛囊及周围的组织和皮脂腺，即毛囊、皮脂腺及其周围组织均发生炎症，称之为疖。如果葡萄球菌同时感染了多个毛囊则称之为痈。二者均可以引起败血症。可用碘酒擦涂患处并口服抗生素。

284 如何鉴别诊断水貂常见的皮肤病？

（1）皮肤真菌病

患部断毛、掉毛或出现圆形脱毛区，皮屑较多；也有的不脱毛、无皮屑而患部有丘疹、脓疱；或脱毛区皮肤隆起、发红、结节化。这是真菌急性感染或存在的继发性细菌感染。用荧光显微镜检查，感染部位受损的毛呈鲜明的浅绿色微光。

（2）疥螨病

疥螨病是由疥螨所致的接触性传染性皮肤病。感染后表现为丘疹和瘙痒，多见于四肢末端、面部、耳廓、腹侧及腹下部，逐渐蔓延至全身。初期出现红斑、丘疹和剧烈瘙痒，因啃咬和摩擦而出血、结痂。病变部位脱毛、皮肤增厚。病程缓慢，多为干燥性病变。刮取患病部位的皮肤，将刮取物放在载玻片上，滴加10%氢氧化钠溶液后，覆以盖玻片，按压使病料散开，用40倍显微镜镜检，可见虫体。

（3）脓皮病

脓皮病主要出现在前后肢内侧的无毛处，可见皮肤上出现脓疱疹、小脓疱和脓性分泌物，临床表现为脓疱疹、皮肤皲裂、毛囊发炎和干性脓皮病等症状，有疼痛，无剧痒。刮取脓性分泌物进行革兰氏染色，可见革兰氏阳性球菌，无可见的虫体。

（4）皮肤湿疹病

皮肤湿疹病主要表现为在背腹部和后肢内侧皮肤出现浸渍和炎症，重者皮肤溃烂。该病多发于仔貂分窝断奶之前和一笼多养的貂群之中。一般经过红斑、丘疹、水疱、脓疱、结痂、脱屑几个时期，并且反复发作。本病的发生具有明显的季节性，一般从5月中下旬开始，闷热潮湿天气发病率高。本病主要侵害哺乳仔貂。

285 怎样防治水貂念珠菌病？

念珠菌病是由白色念珠菌所致的一种人兽共患的真菌病。动物念珠菌病则以在消化道黏膜上形成乳白色溃疡、伪膜的炎症为特征，水貂易感。

念珠菌通常是肠道寄生菌，各种应激因素促使机体抵抗力下降时会引发本病，也可通过直接或间接接触感染。常在潮湿、高温的夏秋季节流行。病貂口腔、食道黏膜出现覆有黄白色假膜的溃疡而疼痛不安，呕吐，有的发生下痢，拒食，逐渐消瘦，大量流涎，沉郁。有的趾部肿胀、溃烂。皮肤红肿、糜烂，流出灰白色、灰红色脓液，有的形成瘘管。有的出现咳嗽、呼吸迫促乃至困难，食欲废绝，体温升高。

治疗可采用局部治疗，洗净患部后涂以 5％碘甘油或 1％龙胆紫。辅助以全身治疗，按每千克体重用制霉菌素 30 万单位，加少量牛奶灌服，每天 2 次，连服 10 天，有效。加强平时的饲养管理和卫生防疫工作，保持笼箱洁净干燥，勤换垫草，减少应激等。

286 哺乳期幼貂发生烂舌头是怎么回事？

未开食的幼貂因为没有采食饲料，可以排除由于饲料调制过粗戳伤舌头所致的可能。维生素 B_2 缺乏或念珠菌感染均可出现幼貂烂舌头。因此，在母貂日粮要注意补充 B 族维生素，尤其是维生素 B_2，还要注意与念珠菌感染相区分（详见问题 285）。对于患病幼貂，可采用局部加全身治疗的方案。加强日常饲养管理和卫生防疫工作，保持笼箱洁净干燥，勤换垫草。

287 口炎怎么治疗？

口炎是口腔黏膜表层和深层组织的炎症。在病理过程中，口腔黏膜和齿龈发炎，可使病貂采食和咀嚼困难，口流清涎，痛觉敏感性增高。

加强管理和护理，防止因口腔受伤而发生原发性口炎，对感染合并口炎者，宜隔离消毒。对于轻度口炎，用2％～3％碳酸氢钠溶液、0.1％高锰酸钾溶液或 2％食盐水冲洗。对于慢性口炎发生糜烂及渗出时，用 1％～5％蛋白银溶液或 2％明矾溶液冲洗；有溃疡时，用1∶9碘甘油或蜂蜜涂擦。全身反应时，用抗菌消炎药物肌内注射。

288 为什么仔貂更容易中暑？生产中如何缓解高温应激？

仔貂体温调节能力较差，如不注意防暑，一旦遇到高温天气，产仔箱内温度升高，导致发生中暑。加之近年来养殖场内产仔箱多用复合板材制成，透气性差，在高温时空气流动差，垫草湿热，易导致发生中暑，死亡率较高。

生产中应及时采取预防措施，如向水貂笼舍和地面进行洒水降温，尤其是午间和午后最热的时候，应及时洒水，并保证水盒内有水，水貂饮水充足。午间要安排值班人员驱赶熟睡幼貂运动，减少高温对水貂生长发育的抑制。早晚喂食时间尽量拉长，选择清晨和傍晚凉爽的时候饲喂。貂舍两侧可以挂遮阳网，防止阳光直射笼舍。在饲料配合方面，应注意平衡营养，保障新鲜鱼类、肉类等优质蛋白质饲料的供给，补充必需的矿物质和维生素；还可以在饲料中添加烟酸铬、吡啶羧酸铬、谷氨酰胺等抗热应激添加剂。

289 自咬症发生的原因是什么？如何减少自咬症的发生？

自咬症病因至今没有查明，有人认为病原体为慢病毒或缺陷病毒，也有人认为是营养缺乏症、传染病、体外寄生虫病，或由于肛门腺堵塞所致。发现自咬的水貂不能留为种用，该母貂所生的仔貂也不能留为种用。

目前仍没有有效根治方法，但供给全价的日粮，避免环境单一或将两只幼貂放在一个笼中饲养可降低自咬症的发病率。对于自咬症的处理原则是镇静和外伤处理。

290 未分窝的仔貂出现抽筋、尖叫及口吐白沫等神经症状是什么原因？

当水貂患犬瘟热、流感、脑炎或饲料中毒时，均可出现神经症状。但这些神经症状也可能是水貂死亡前一种症状，如患阿留申病（间质性肺炎）水貂死亡前即表现出这些症状。

291 如何治疗水貂的神经炎？

全群要彻底驱虫，包括螨虫、血虫等，然后在饲料中投喂维生素 B_1 或复合维生素 B。磺胺-6-甲氧嘧啶对溶血性链球菌、脑膜炎球菌、肺炎球菌、葡萄球菌有抑制作用。如果发病的多是胖貂（如出现瘫痪），要考虑饲料中钙、磷的量或钙、磷比例，可以用磷酸氢钙补磷。

292 水貂分窝后出现死亡的原因是什么？

分窝时，水貂受到应激，导致机体的免疫力和抗病力低下，因此分窝期间容易出现问题。为了降低应激反应，可连续 3 天（在分窝的前 1 天、分窝当天及分窝后 1 天）在水貂日粮中添加维生素 C 和复合维生素 B。如果是分窝后母貂发生死亡，多是哺乳期营养负平衡所致。

293 新生仔貂弱、被毛白色的原因是什么？

刚出生后的仔貂体质弱，可能是由于母貂在妊娠期营养不良，影响了胎儿的生长发育。出生后的仔貂营养主要来源于母乳，如果母貂泌乳力不足，或者仔貂不能及时吃上初乳，都会导致仔貂营养不良，抗病力降低，生长速度减慢，体质差，被毛色泽不正常，死亡率增加。同时，要关注新生仔貂出现被毛白色的发生数量，如果是个别现象，则可能是母貂的原因；如果是普遍现象，则要检查饲料营养水平。

294 母貂在产仔前出现后肢瘫痪应如何用药？

在饲养管理粗放、饲料条件较差和气候寒冷时，母貂极易发生瘫痪。该病发生后，不但影响母貂的利用价值，而且影响仔貂的生活质量甚至引起死亡，给生产造成很大的损失。主要病因是日粮中钙、磷不足或钙、磷比例失调。

当日粮中钙、磷不足或钙、磷比例失调时，母貂产仔前后就会动用骨骼中的钙和磷，时间一长，就会导致母貂体内钙、磷缺乏，特别是高产母貂，更容易发生瘫痪。产仔10天后，母貂泌乳量达到高峰时，病情大多趋于严重。个别母貂在产后几天内就会出现腰部麻痹、瘸腿及瘫痪现象。瘫痪之前，母貂食欲减退或不食，行动迟缓，粪便干硬成算盘珠状，喜欢清水，有拱水盘，吃自己的粪便、舔铁丝等异食现象，但体温正常。瘫痪发生后，起立困难，站立不能持久，行走时后躯摇摆、无力。驱赶时后肢拖地行走，并有尖叫声，最后瘫卧不动。

合理搭配饲料，保证日粮营养均衡。根据母貂饲养标准，补饲矿物质饲料及添加剂等，可有效提高母貂生产力并预防母貂瘫痪。对处于怀孕后期和哺乳期的母貂，每日饲喂饲料级磷酸氢钙0.05克，对预防母貂瘫痪有良好效果。对发病的母貂，每天每只水貂饲喂0.1克饲料级磷酸氢钙，直接将其加在饲料中，同饲料搅拌均匀后饲喂，效果比较明显。

295 水貂出现脚肿的原因是什么？

水貂患犬瘟热、螨虫或真菌感染、缺乏B族维生素或缺乏维生素C均可出现脚肿。要注意观察貂群的状况，根据发病时期并结合其他症状加以判断。

296 哺乳期仔貂被毛黄色，四肢肿胀并有异味的原因是什么？

异味多是由于身体代谢发生异常或身体存在炎症所致。B族维生素大多参与机体代谢，因此要保证日粮新鲜全价，在日粮中添加维生素B_2、维生素B_{12}或者复合维生素B，注意产仔箱的保暖和卫生，关注仔貂健康的同时，也要关注母貂的状况。

297 水貂后肢发生麻痹的病因有哪些？

阿留申病，维生素B_1缺乏，钙、磷缺乏或比例失衡，动物性饲料不卫生，大肠杆菌感染，巴氏杆菌感染，尿结石，中暑，神经型犬瘟热，伪狂犬病，食盐中毒，亚硝酸盐中毒，黄曲霉毒素中毒，有机磷农药中毒，水貂感染鸡新城疫病毒均可以导致水貂后肢麻痹。应加强饲养管理，要求饲料新鲜、营养全价、维生素和微量元素全面；搞好环境卫生，有针对性地定期消毒；发生病情后，要认真分析原因，查出病源对症下药。

298 使用抗生素时应注意哪些问题？

为提高抗生素的疗效，在应用中必须掌握如下原则。

①不能不确诊病原，仅凭经验看症状盲目医治。不少疾病尤其是细菌性疾病，病原不同，但所引起的症状却相似或相同。不确诊病原，很难达到有针对性治疗的目的和效果。

②有些疾病可能用广谱抗菌药就能奏效，但广谱抗生素并非万能药，还是先确认病原，再根据药敏试验，筛选对症药物，才能有显著疗效。

③用药剂量要严格按照药典标准，不要盲目增加剂量，以防发生毒副作用。

④按疗程、规程用药。如青霉素等抗生素，按规程每6小时用药1次，以保持药物在体内的浓度，如果间隔时间过长，会降低疗效；如果临近痊愈就停止用药，往往会出现反复现象。

⑤注重个体治疗和大群预防。出现发病个体时，往往是全群继发感染的危险信号。应立即对大群水貂采取防范措施，防止疾病发生蔓延，不要只注重患病个体的治疗而忽略大群水貂的预防。

⑥对较严重的疾病可采取几种抗生素联合疗法，效果较好。如青霉素和链霉素常联合应用。但不能随意联合使用，因为有的抗生素在联合使用时对水貂会产生不良后果，有的则容易产生抗药性。

299 使用磺胺类药物时应注意哪些问题？

在使用磺胺类药物时应注意以下几点。

（1）药量要足

为获良好效果，必须早期用药并保证足够的药量。因为只有在患貂体内达到足够的浓度，才能奏效，否则不但不能消灭细菌，反而会使细菌产生耐药性。所以口服第一次用量应加倍，以后改为维持量，每4～6小时服1次，注射时1日2次（早、晚各1次），可连用3～10天，一般7天为1个疗程。临床症状消失或体温下降至正常体温范围2～3天后停药。

（2）防止蓄积中毒

磺胺类药物具有蓄积作用，长期用药易引起中毒，特别是磺胺噻唑。中毒的表现是结膜炎、皮炎、白细胞减少、肾结石、消化不良等。因此，用药期间要注意观察患病动物的食欲，粪便和排尿情况，必要时做血常规检查。发现有上述可疑现象要及时停用，改用其他抗生素。为减少刺激和尿路结石，常与等量碳酸氢钠配合使用。有肝脏、肾脏疾病貂禁止使用磺胺类药物。

（3）配伍禁忌

磺胺类药物不得与硫化物、普鲁卡因及乙酰苯胺同时使用。长期用药时，应补充维生素制剂，尤其是补给维生素C。

（4）防止休克

静脉注射磺胺类药物时，注射前对药液必须加温（大约与体温相同），注射速度要缓慢，否则容易引起休克而死亡。尤其对老弱病貂更应特别注意。一经发现有休克症状，应立即皮下或静脉注射肾上腺素溶液抢救。

300 水貂的治疗和给药方法有哪些？

（1）治疗方法

1）药物疗法　主要是加强动物机体抵抗力，协助机体与病原进行斗争，促进病貂迅速恢复健康的一种手段。药物治疗必须在加强饲养管理的基础上，才能使病貂迅速恢复健康。使用药物时，必须充分了解各种药物的性质、用量及使用方法。由于应用药物的目的和方法不同，所以药物疗法分为病因疗法、病原疗法和对症疗法。

2）食饵疗法　是在疾病过程中，选择适当的饲料（或适当绝食），满足病貂特殊的营养需要，以促进病貂痊愈，达到治疗的目的。如水貂发生胃肠炎时，若怀疑是由某种饲料成分引起的，那么就把有害的成分停喂，喂给有利于肠炎康复、刺激性小、易消化的蛋类和乳制品等；又如为控制水貂过胖，可每周绝食1次。

由于水貂野性强，在一般情况下，不宜捕捉进行其他治疗，实践表明，采用食饵疗法常能收到满意的效果。

3）特异性疗法　采用针对具有抑制或造成不良条件乃至能杀死病原体的药物进行治疗，亦称针对性治疗（特异性治疗方法），在兽医实践中广为应用。根据用药目的和使用的药物不同，特异性疗法可大体分为抗生素疗法、磺胺类药物疗法、免疫血清疗法、类毒素疗法、抗毒素疗法和疫苗疗法等。

（2）给药方法

1）口服法（内服法）　是水貂广为采用的给药方法。其优点是简便而安全，主要是通过机体正常采食的途径，可以使用多种剂型（丸、散、膏、丹）投之。缺点是药物常被胃肠内容物稀释，有的会被消化液所破坏，而且吸收缓慢，吸收后需经过肝脏处理，因此难以准确估计药物发生效力的时间和用量。水貂一般多采用自食和舐食法，胃管投药法和灌服法很少应用。

2）注射法　为使药物迅速生效，有的药物制成针剂可实行注射给药。常用的注射法有皮下注射、肌内注射、静脉注射和腹腔内注射等。

对无刺激性的药物或需要快速吸收时，可采用皮下注射法。注射部位以选择皮肤疏松、皮下组织丰富而又无大血管处为宜。水貂常在肩胛、腹侧或后腿内侧，幼貂在脊背上。注射时不必剪毛，用70%酒精充分消毒术部即可注射，用左手拇指和食指将皮肤捏起，使之生成皱襞，右手持注射器，在皱襞底部稍斜向把针头刺入皮肤与肌肉间，将药液推入。注射完毕，拔出针头立即用酒精棉球揉擦，使药液散开。在水貂补液时多用此法。

3）直肠灌注法　将药液通过肛门直接注入直肠内，常用于水貂麻醉、补液和缓泻。大多应用人用导尿管，连接大的玻璃注射器作为灌肠用具。先将肛门及其周围用温肥皂水洗净，待肛门松弛时，将导管插入，药液放注射器内推入。以营养为目的时，灌注量不宜过大，以 25～100 毫升为宜，而且药液温度应接近体温，否则容易排出。以下泻为目的，则剂量可适当加大（以 50～200 毫升为宜）。

参 考 文 献

白献晓，向前，2002. 水貂高效饲养指南［M］. 郑州：中原农民出版社.

甘肃省农牧厅，2014. 饲草饲料加工与使用技术读本［M］. 兰州：甘肃科学技术出版社.

李忠宽，李红，张秀莲，2007. 科学养貂200问［M］. 北京：中国农业出版社.

李富金，王晓艺，2017. 毛皮动物免疫程序简介［J］. 山东畜牧兽医，38（4）：45.

马泽芳，2015. 美国水貂养殖业及其养殖技术［J］. 经济动物学报，19（1）：6-9.

马泽芳，崔凯，王书安，等，2016. 光照对繁殖期水貂体内孕酮及繁殖性能的影响［J］. 中国畜牧杂志，52（7）：71-75.

苏伟林，荣敏，2015. 养貂技术简单学［M］. 北京：中国农业科学技术出版社.

佟煜仁，谭书岩，2007. 图说高效养水貂关键技术［M］. 北京：金盾出版社.

佟煜仁，张志明，2008. 怎样提高养水貂效益［M］. 北京：金盾出版社.

王光，崔凯，郑菲菲，等，2018. 水貂养殖过程中貂粪便产生量调查［J］. 黑龙江畜牧兽医（6）：199-201.

王光，崔帅，王利华，2016. 山东省水貂饲养管理状况调查［J］. 黑龙江畜牧兽医（20）：201-203.

王巨滨，1984. 貂病［M］. 郑州：河南科学技术出版社.

王凯英，李光玉，2014. 水貂养殖关键技术［M］. 北京：金盾出版社.

张振兴，2000. 貂狐貉疾病防治技术［M］. 南京：江苏科学技术出版社.

郑菲菲，王光，崔帅，等，2017. 丝兰属提取物及有效微生物对育成期水貂生长性能、营养物质消化率及血清生化指标的影响［J］. 中国畜牧杂志，53（7）：81-85.

中国土产畜产进出口总公司，1980. 水貂［M］. 北京：科学出版社.

图书在版编目（CIP）数据

水貂高效养殖300问 / 王利华等编著 . —北京：中国农业出版社，2019.11
（养殖致富攻略·疑难问题精解）
ISBN 978 - 7 - 109 - 25645 - 3

Ⅰ.①水… Ⅱ.①王… Ⅲ.①水貂－饲养管理－问题解答 Ⅳ.①S865.2 - 44

中国版本图书馆 CIP 数据核字（2019）第 127387 号

中国农业出版社出版
地址：北京市朝阳区麦子店街 18 号楼
邮编：100125
责任编辑：周锦玉
版式设计：王　晨　责任校对：巴洪菊
印刷：北京中兴印刷有限公司
版次：2019 年 11 月第 1 版
印次：2019 年 11 月北京第 1 次印刷
发行：新华书店北京发行所
开本：880mm×1230mm　1/32
印张：6.75
字数：185 千字
定价：25.00 元